"十四五"时期国家重点出版物出版专项规划项目

海南热带特色高效农业实用技术丛书（第二辑）

海南省农业农村厅　海南省教育厅
海南省科学技术协会　海南省妇女联合会　编

养鸭实用技术

顾丽红　编著

海南出版社
·海口·

图书在版编目（CIP）数据

养鸭实用技术 / 顾丽红编著. -- 海口 ：海南出版社，2024. 11. --（海南热带特色高效农业实用技术丛书）. -- ISBN 978-7-5730-2079-6

Ⅰ. S834.4

中国国家版本馆CIP数据核字第2024TF6305号

养鸭实用技术

YANGYA SHIYONG JISHU

顾丽红　编著

责任编辑：项　楠　陈淑芸
封面设计：黎花莉
出版发行：海南出版社
地　　址：海南省海口市金盘开发区建设三横路2号
邮　　编：570216
电　　话：（0898）66821839
印　　刷：海南雅迪印刷有限公司
版　　次：2024年11月第1版
印　　次：2024年11月第1次印刷
开　　本：889 mm × 1 240 mm　　1/32
印　　张：4.625
字　　数：117千字
书　　号：ISBN 978-7-5730-2079-6
定　　价：12.00元

《海南热带特色高效农业实用技术丛书》编辑委员会

前 言

海南自由贸易港60%的人口、80%的土地在农村，“三农”工作任重道远，同时海南拥有全国一半面积的热带土地，发展热带特色高效农业前景广阔。习近平总书记高度重视海南热带特色高效农业发展，先后做出海南要“做强做精做优热带特色农业，使热带特色农业真正成为优势产业和海南经济的一张王牌”，要聚焦发展热带特色高效农业在内的四大产业，加快构建现代产业体系等一系列重要指示，为海南加快热带特色高效农业发展指明了方向。2018年4月13日，习近平总书记出席庆祝海南建省办经济特区30周年大会并发表重要讲话指出:“海南是我国唯一的热带省份。要实施乡村振兴战略，发挥热带地区气候优势，做强做优热带特色高效农业，打造国家热带现代农业基地，进一步打响海南热带农产品品牌。”

近年来，海南重点打造六大热带农业“特色名片”(国家南繁科研育种基地、国家冬季瓜菜生产基地、热带水果生产基地、热带作物生产基地、现代渔业生产基地、特色畜禽生产基地)，热带特色高效农业取得新成效。2022年，热带特色高效农业增加值突破千亿元，为海南经济高质量发展作出了较大贡献。

海南热带特色高效农业持续高质量发展离不开先进技术的支撑和高素质“三农”队伍的培育。为此我们结合新形势新要求精心修订再版《海南热带高效农业实用技术丛书》，并更名为《海南热带特色高效农业实用技术丛书》。本丛书出版发行20余年来，以其技术先进、通俗易懂、实用对路深受广大农民、农业科技工作者、农业企业以及农业院校师生欢迎，成为海南农业发展的好帮手。此次再版，我们注重根据海南热带特色高效农业发展情况调整分册编排、书名，同时吸收国内外最新技术、方法，使本丛书指导性、实用性更强。

本丛书由海南省农业农村厅、海南省教育厅、海南省科学技术协会、海南省妇女联合会联合组织编写，邀请中国热带农业科学院、海南大学、海南省农业科学院、海南省海洋与渔业科学院、海南省农技推广中心等单位活跃在科研、教学和农技推广一线的专家、学者担任分册主编，内容覆盖热带特色高效农业各重点产业和品种，突出“实用技术”的特点，以期为广大农业生产者、农业科技工作者和政府部门做好服务，为端稳全国人民冬季“菜篮子”和热带“果盘子”提供科技支撑。

此次再版，可能还有一些不尽如人意的地方，恳请专家和读者，特别是广大一线农技推广工作者和农民朋友多提宝贵意见，以利于我们择机再行修订。

《海南热带特色高效农业实用技术丛书》编辑委员会

2023年5月

目 录

第一章 概 论

本章提要与学习指导

本章主要介绍养鸭概况和鸭的生物学特性。学习时应注意了解鸭的生活习性，以便更好地开展养鸭工作。

第一节 养鸭概况

一、中国养鸭概况

目前，国产的肉鸭品种主要有：中国农业科学院北京畜牧兽医研究所培育的Z型北京鸭配套系、北京南口鸭育种科技有限公司（原北京南口北京鸭育种中心有限公司）培育的南口1号北京鸭配套系、中国农业科学院北京畜牧兽医研究所与内蒙古塞飞亚农业科技发展股份有限公司合作培育中畜草原白羽肉鸭配套系、中国农业科学院北京畜牧兽医研究所与山东新希望六和集团有限公司合作培育的中新白羽肉鸭配套系、四川农业大学培育的天府农华麻羽肉鸭配套系、北京首农股份有限公司与中信现代农业基金收购的英国樱桃谷农场有限公司培育的樱桃谷肉鸭配套系、黄山强英鸭业有限公司与安徽农业大学合作培育的强英鸭配套系、温氏食品集团股份有限公司与华南农业大学以及广东温氏南方家禽育种有限公司合作培育的温氏白羽番鸭1号配套系等。引进的肉鸭品种主要有：美国枫叶集团公司培育的枫叶鸭配套系、法国奥尔维亚-古尔蒙育种集团公司培育的南特鸭配套系、法国克里莫兄弟育种公司培育的奥白星鸭配套系等。上述大型白羽肉鸭品种或配套系均以我国北京鸭为遗传资源，经过持续选育形成优良肉鸭。

2022年，武禽10肉鸭配套系和中畜长白半番鸭已经通过国家畜禽遗传资源委员会审定。为了发展优质肉鸭产业，我国多家企业利用当地资源，培育了优质肉鸭品种，或发展优质小型白羽肉鸭养殖业。

根据《国家畜禽遗传资源品种名录》，我国现有蛋鸭或以蛋用为主的品种主要包括绍兴鸭、金定鸭、攸县麻鸭、缙云麻鸭、荆江鸭、三穗鸭、连城白鸭、莆田黑鸭、高邮鸭、大余鸭、巢湖鸭、龙岩山麻鸭、微山麻鸭、文登黑鸭、马踏湖鸭、淮南麻鸭、恩施麻鸭、沔阳麻鸭、临武鸭、广西小麻鸭、四川麻鸭、麻旺鸭、兴义鸭、云南麻鸭、汉中麻鸭、褐色菜鸭等，其中饲养量最大和饲养范围最广的是绍兴鸭。蛋鸭产业已成为我国农村经济发展的重要产业。

养鸭业的迅速发展主要取决于鸭的生物学特性、经济学特性，以及社会经济条件和人们的饮食习惯。鸭产品有其独特的风味和营养价值。肉鸭早期生长快，生产周期短。肉用仔鸭产品率高，饲料报酬高。鸭生活能力强，耐粗放管理，适合规模化饲养，家禽常见的传染病按自然感染发病的种类，鸭比鸡少1/3左右。肉鸭副产品如羽毛、肥肝已成为国际贸易的拳头产品，其价值高，畅销全球。同时科学技术也大大促进了养鸭业的发展，利用先进的育种手段，培育出不同特性的品系，然后进行二元、三元、四元杂交，以获得较理想的杂种优势和生产性能。行业建立了鸭的营养标准，为生产者提供了经济而有效的饲料配方，降低了生产成本，创造出了较高的经济效益，还制定了鸭的防疫程序及各种疾病的防治措施，为养鸭业的健康发展提供了根本保证。

近年来，立体农业（塘边养鸭、塘中养鱼、附近种果）为养鸭业的发展开辟了广阔的前景。我国养鸭业已向集约化、专业化、标准化、规模化、现代化、科学化、智能化的方向发展。养鸭业经过几十年的发展，已成为具有“三高”（产品率高、饲料报酬高、劳动生产率高）、“两快”（生产周期快、投资见效快）、“一低”（成本低）特点的畜牧业大产业。

二、海南省养鸭概况

（一）海南省养鸭分布具有明显的区域性

海南水禽养殖区域主要分布在海口、澄迈、定安、琼海、万宁、文昌等地，这些地区位于南渡江及万泉河流域，为海南养鸭业的发展提供了充足的水源和广阔的场所。

2023年，海南省鸭年末存栏量约为652万只，年出栏量约为4466万只。年出栏量最多的地区为澄迈、文昌、定安、海口、琼海和万宁，年出栏量共占海南省总量的69%。全省出栏的肉鸭中，白鸭（主要是樱桃谷鸭、北京鸭）约占57%，红鸭约占40%，番鸭（主要是嘉积鸭）和半番鸭约占3%。

2023年，海南省蛋鸭存栏量约为64万只，年产蛋量约为7976万吨，饲养的蛋鸭品种有主要金定鸭、绍兴麻鸭等。

（二）海南省近三年鸭存栏量、出栏量

2021年、2022年和2023年海南省鸭存栏量分别约为732万只、601万只和652万只。

2021年、2022年和2023年海南省鸭出栏量分别约为4210万只、4304万只和4466万只。

（三）饲养技术不断提高

海南省鸭的养殖不论是规模还是技术都比不上国内的养鸭大省、强省，但鸭养殖技术水平在近年也有较大的提高。肉鸭的饲

养逐渐采用标准化饲养模式，建设标准化鸭舍，实施全封闭或半全封闭式饲养等。

（四）鸭疫病得到有力控制

海南省借鉴了各省先进的做法，对家禽疫病进行严格的控制，特别加强了省外家禽入岛的检疫力度，有力地控制了鸭疫病的暴发。

针对每年不同季节的疫病流行与发生情况，规范用药程序和疫苗免疫程序，增强鸭的抵抗力，减少鸭的死亡，降低疾病给生产造成的损失。

第二节　鸭的生物学特性

一、鸭的特征

（一）头部

鸭的头部较大，圆形，喙扁平而长，上喙较大，下喙稍小。在上喙尖端有一坚硬角质的豆状突起，色略暗，称为“喙豆”。不同品种的鸭喙的颜色不同，喙的颜色是品种特征之一。

（二）颈部

公鸭颈部较粗，母鸭较细。肉鸭颈粗，蛋鸭颈较细。有色公鸭的头和颈部羽色较深，富有金属光泽。

（三）体躯

肉鸭体躯肥大。蛋鸭体型小，体躯细长，胸部前挺提起，呈斜立型。肉蛋兼用鸭介于二者之间。公鸭尾羽中央的覆尾羽向上卷曲，称为“性羽”，以此可鉴别性别。

（四）四肢

鸭的前肢发育成翼。主翼羽尖狭而短小，副翼羽较大。副翼羽上有带翠绿色的羽斑，称为“镜羽”。后肢胫部较短，足除第一趾外，其余趾间有蹼。

二、鸭的生活习性

（一）喜水性

鸭为水禽，喜欢戏水、游水、潜水。10~30天龄的鸭特别喜欢潜水，能在水中寻找食物，又能在水面浮游较长时间。

（二）喜干性

鸭虽有喜水性，但每当鸭群休息或种鸭产蛋时又喜欢待在干爽的地方。故养鸭生产中必须做好日常的清洁卫生工作，保持鸭舍清洁干爽。

（三）耐寒怕热

鸭的皮下脂肪较厚，羽绒保温性能良好，体表又没有汗腺以协助散热，故具有耐寒怕热的习性。除0~3周龄的雏鸭要注意保温外，其余日龄的鸭对低温的适应性强，而对高温的适应性则较差。

（四）感觉器官反应差别大

鸭的视觉最灵，如在运动场休息的鸭群，凡天空有鸟类或昆虫飞过，全群鸭都会侧目相看，这有利于逃避天敌。在稻田中放牧鸭群除虫还有利于捕食有保护色的水稻害虫等。

鸭的听觉也灵，对管理人员的引叫和吆喝声能立即做出反应，便于管理人员利用声音调教鸭群，有利于管理。

鸭的味觉、嗅觉都不太灵。鸭的触觉不灵，鸭在睡觉时反应也很迟钝，故易受蛇、鼠等危害。

（五）杂食消化能力强

鸭的味觉和嗅觉不太灵，故对食物的选择性不强，食谱广，对动物性饲料和植物性饲料都能采食，属杂食性家禽。

鸭的消化道结构和功能与鸡不同，如鸡有嗉囊，鸭则无明显的嗉囊，只有食道膨大部，食糜只在食道膨大部稍贮存就可直接进入腺胃，同时肌胃压力（摩擦力）又比鸡大，所以鸭的消化力特别强。

（六）胆小，合群性强

鸭胆小，平时喜欢合群生活，极少单独离群，这就有利于大群或规模饲养。在管理过程中也要注意保持环境安静，以免造成应激等。

（七）生活比较有规律

如经常被放牧的鸭群，到放牧的时间便会强烈要求出牧。到收牧的时间，无人驱赶也会自动收牧回舍。又如种鸭的交配时间多在早上8~9时和下午的4~5时，都很有规律。掌握了这些规律，对发展好养鸭生产很有帮助。

（八）绝大多数品种无就巢性

除了番鸭有较强的就巢性，以及个别家鸭品种由于选育程度低仍存在一定的就巢性外，绝大多数的鸭经过长期选育，已完全失去就巢抱窝的特性。这就增加了种鸭的产蛋时间，使鸭能多产蛋，对发展现代养鸭产业很有好处。因此在家鸭的繁殖过程中，要利用人工孵化方法和研究人工孵化技术。

思考题

1. 养鸭业经过几十年的发展，已成为具有什么特点的畜牧业大产业？

2. 鸭有什么生活习性？

第二章　鸭的主要优良品种

本章提要与学习指导

本章主要介绍鸭的优良品种和品种的分类方法，不同用途的品种体型特征、生产性能。学习时要求了解不同用途品种的外貌特征区别，掌握主要优良品种的外貌特征和生产性能。

鸭品种资源丰富，其分类方法也多种多样，目前主要依据用途将鸭分为肉用型、蛋用型和肉蛋兼用型3种类型。肉用型的鸭体型大而丰满，体躯呈长方形，颈粗，腿短，一般成年鸭体重3.5千克左右，配套系生产的商品代肉鸭7周龄体重近3千克。蛋用型的鸭体型小，体躯长，呈船形，头、颈细，腿稍长，一般成年鸭体重1.5~2千克。肉蛋兼用型的鸭体重介于上述两者之间，一般成年鸭体重2.2~2.5千克。

一、肉用型鸭主要品种

（一）北京鸭

北京鸭几乎遍及世界各地，在我国，北京、天津、上海、广州饲养较多。

1. 外貌特征

北京鸭体型硕大丰满，挺拔强健，体躯呈长方形。头较大，颈粗，前胸骨长而直。两翅较小，紧附于体躯两侧。尾羽短而上翘，公鸭尾部有2~4根向背部卷曲的性羽。母鸭腹部丰满，腿粗短，蹼宽厚。北京鸭全身羽毛白色并稍带有乳黄色光泽，喙、胫、蹼橙黄色或橘红色；虹彩蓝灰色。初生雏鸭绒毛金黄色，称为“鸭黄”，随日龄增加颜色逐渐变浅，4周龄前后羽毛变为白色。

2. 生产性能

（1）繁殖性能

经选育而成的Z型北京鸭配套系成年公鸭体重3.5~4千克，母鸭体重3.2~3.45千克。母鸭150~170日龄开产，年产蛋数220~240个，平均蛋重90克，蛋壳白色。公母配种比例为1∶5~1∶6时，种蛋受精率达90%以上，受精蛋孵化率为80%~90%。

（2）产肉性能

商品代肉鸭42日龄体重3.2~3.4千克，料肉比为2.2∶1~2.3∶1，胸肌率为10.5%，腿肌率为11%。北京鸭填鸭的半净膛率公鸭为80.6%，母鸭为81%；全净膛率公鸭为73.8%，母鸭为74.1%。

（二）樱桃谷鸭

目前100多个国家和地区在饲养樱桃谷鸭，全球市场占有率超过七成。

1. 外貌特征

樱桃谷鸭的外型与北京鸭大致相同。头大额宽，鼻脊较高。翅膀强健。背部宽而长，胸部较宽，肌肉发达。该鸭体躯倾斜度小，几乎与地面平行。雏鸭绒毛呈淡黄色，成年鸭全身羽毛白色，少数有零星黑色杂羽。喙橙黄色，少数呈肉红色。

2. 生产性能

（1）繁殖性能

樱桃谷鸭父母代种鸭成年公鸭体重4~4.46千克，母鸭3~3.36千克。母鸭175日龄左右开产。年产蛋量为210~220个，可提供雏鸭苗160只左右。平均蛋重90克，蛋壳白色。公母配种比例为1∶5~1∶6时，种蛋受精率为93%~95%，受精蛋孵化率约为85%。

（2）产肉性能

商品代肉鸭42日龄体重3~3.55千克，料肉比为1.88∶1~2.4∶1。全净膛率为72.55%，半净膛率为85.55%，瘦肉率为26%~30%，胸肌率为17.2%~18.3%，皮脂率为28%~31%。

（三）天府农华麻羽肉鸭

天府农华麻羽肉鸭是我国首个通过国家畜禽遗传资源委员会审定的麻鸭配套系，于2023年获新品种证书（农10新品种证字第13号）。该配套系由四川农业大学、四川省畜牧总站等单位联合培育，是以建昌鸭、樱桃谷鸭、四川麻鸭、山麻鸭等为主要育种素材，通过专门化品系培育、配合力测定筛选出的三系杂交配套系。

1. 外貌特征

天府农华麻羽肉鸭父母代成年公鸭体型较大，颈粗，喙、胫、蹼橘黄色，喙豆、爪多黑色。头、颈上部羽毛翠绿色，颈部下1/3处有一白色颈圈；颈下部、前胸及鞍部羽毛褐色，翅膀羽毛基色为白色，点缀有深褐色麻点，腹部羽毛白色；尾羽黑色，尾端有2~3根向背部卷曲的性羽。成年母鸭喙、胫、蹼黄色，全身羽毛以浅黄麻色为主，头、颈部背侧为褐色，面颊及颈部前的羽毛为白色，颈下部、背部、胸部羽毛为浅黄麻色，翅膀、腹部及尾部羽毛以白色为主。商品代雏鸭绒毛以黄色为主，头顶、尾根有一有色羽斑块。8周龄肉鸭体型修长，黄麻羽色，屠宰后在头颈、背部有少量羽色标记，屠体美观。

2. 生产性能

（1）繁殖性能

天府农华麻羽肉鸭父母代种鸭成年公鸭体重2.8~3.2千克，母鸭2.5~2.9千克。母鸭152日龄开产，开产体重2.6千克，年产蛋数230~240个，种蛋受精率为92.6%，受精蛋孵化率为91%。

（2）产肉性能

天府农华麻羽肉鸭商品代8周龄公鸭体重2.8~3.3千克，母鸭2.6~3千克，料肉比约2.6：1。屠宰率超过86%，半净膛率超过80%，全净膛率超过73%，瘦肉率超过25%，皮脂率为22%~26%。

（四）狄高鸭

狄高鸭又称“旱地鸭”，我国广东省每年从澳大利亚引进父母代种鸭。

1. 外貌特征

狄高鸭的体型与北京鸭相近似。头大稍长，背长阔，胸宽，尾稍翘起，有2~4根性羽，成年鸭全身羽毛白色，雏鸭绒毛黄色，喙橙黄色，胫、蹼橘红色。

2. 生产性能

（1）繁殖性能

狄高鸭成年鸭体重约3.5千克，母鸭160~180日龄开产，在33周龄左右进入产蛋高峰期，产蛋率达90%以上，年产蛋量200~230个，平均蛋重88克，蛋壳白色。公母配种比例为1：5~1：6时，种蛋受精率在90%以上，受精蛋孵化率为85%左右。父母代母鸭可提供商品代雏鸭苗160只左右。

（2）产肉性能

商品代肉鸭7周龄体重3千克，料肉比为1：2.9~1：3。半净膛率为92.86%~94.04%，全净膛率为79.76%~82.34%。

（五）枫叶鸭

枫叶鸭又名“美宝鸭”，我国山东、广东等地均有饲养。

1. 外貌特征

成年枫叶鸭体型较大，体躯前宽后窄，呈倒三角形，体躯倾斜度小，几乎与地面平行。公鸭头大颈粗，背部宽平，腿粗长。母鸭颈细长，脚细短。雏鸭绒毛淡黄色，成年鸭全身羽毛白色。

喙大部分为橙黄色，小部分为肉色。胫、蹼为橘红色。

2. 生产性能

（1）繁殖性能

枫叶鸭父母代种鸭成年公鸭体重3.51千克，母鸭2.67千克。母鸭约180日龄开产，年产蛋量220个，平均蛋重87克，蛋壳白色。公母配种比例为1∶6时，种蛋受精率为93%，受精蛋孵化率为90%~91%。每只母鸭年提供商品代鸭苗160只以上。

（2）产肉性能

商品代肉鸭49日龄体重3.3千克，料肉比为2.6∶1~2.8∶1，胸肌率为9.11%，半净膛率为84%，全净膛率为75.9%，胸肌率为9.11%，腿肌率为15.19%，腹脂率为1.95%。

（六）南特鸭

目前该鸭的ST5M和NT6品系在我国山东、四川、湖北、福建等地均有饲养。

1. 外貌特征

南特鸭外貌与北京鸭相似，身形健壮，羽毛丰满，毛色纯正，眼神明亮。

2. 生产性能

（1）繁殖性能

以ST5M品系为例，其父母代种鸭成年公鸭体重4.25千克，母鸭3.2千克。母鸭25~26周龄开产，年产蛋量292~312个，平均蛋重87克，蛋壳白色。公母配种比例为1∶5时，种蛋受精率为93%，受精蛋孵化率为90%。每只母鸭可提供商品代雏鸭苗200只以上。

（2）产肉性能

商品代肉鸭7周龄体重3.7千克，料肉比为2.3∶1，半净膛率为84%，全净膛率为74.9%，胸肌率为9.11%，腿肌率为15.04%。

（七）奥白星鸭

奥白星鸭主要有重型（53型）、超级重型（63型、2000型），以及与白番鸭杂交生产出的大型白羽半番鸭的专门化母本M14、M18等品系。我国引进的是奥白星鸭2000型、M14、M18，在山东、四川、福建等地均有饲养。

1. 外貌特征

成年奥白星鸭外貌特征与北京鸭相似，体躯稍长，胫粗短。雏鸭绒毛金黄色，颜色随日龄增大而逐渐变浅，换羽后全身羽毛白色。喙、胫、蹼均为橙黄色。

2. 生产性能

（1）繁殖性能

奥白星鸭2000型父母代种鸭成年公鸭体重2.95千克，母鸭2.85千克。母鸭24~26周龄开产，32周龄进入产蛋高峰。年产蛋量220~230个，300日龄平均蛋重90克，蛋壳白色。公母配种比例为1∶5时，种蛋受精率为93%。

（2）产肉性能

商品代肉鸭42日龄体重3.3千克，料肉比为2.3∶1；49日龄体重3.8千克，料肉比为2.5∶1。

（八）中国番鸭

中国番鸭又称“瘤头鸭”，俗称“番鸭”是福建番鸭、海南嘉积鸭、贵州天柱番鸭、湖北阳新番鸭、云南文山番鸭等的合称。广东、浙江、江西、江苏、湖南、广西、海南等地均有饲养。

1. 外貌特征

番鸭体躯前后窄，中间宽，如纺锤形。站立时体躯与地面平行。头中等大小。喙较短而窄，呈“雁形喙”。喙基部和头部肌肉两侧有红色或黑色皮瘤，不生长羽毛，公鸭的皮瘤比母鸭发达。头顶有一排纵向长羽，受刺激时会竖起。胸部宽而平，腹后部不发达，尾狭长，翅膀长达尾部，腿短而粗壮。番鸭羽毛颜色有黑色、白色和黑白花，少数呈银灰色和赤褐色。羽色不同，体型外貌亦有一些差别。

白番鸭全身羽毛纯白（雏鸭绒毛金黄色）。头部皮瘤鲜红而肥厚，呈链珠状排列。喙粉红色，虹彩浅灰色，胫、蹼橙黄色。

黑番鸭的羽毛为黑色（雏鸭绒毛黑色），有墨绿色光泽，仅在主翼羽或副翼羽中有少量的白羽，皮瘤黑里透红，且较单薄。喙红色有黑斑，虹彩浅黄色，胫多黑色。

黑白花番鸭的羽毛黑白不等，常见的有背羽为黑色，颈下、主翼羽和腹部带有数量不一的白色羽毛；或是全身黑色，间有白羽。皮瘤红色，喙多为黄色带有黑斑，胫、蹼暗黄色。海南饲养的黑白花番鸭又称嘉积鸭。

2. 生产性能

（1）繁殖性能

番鸭公母体重差异大。父母代种鸭成年公鸭体重3.5~4千克，母鸭2~2.5千克。母鸭180~210日龄开产，年产蛋数80~120个，最高可达160个，蛋重70~80克，蛋壳玉白色。公母配种比例为1∶6~1∶8时，孵化期比普通家鸭长，为35天（普通家鸭为28天），种蛋受精率为88%~95%，受精蛋孵化率为85%~95%，母鸭就巢性较强。

（2）产肉性能

商品代肉鸭70日龄公鸭体重3.5~4.5千克，母鸭2~2.5千克。料肉比为2.7∶1~3∶1，瘦肉率高，其胸肌率、腿肌率高达30%~33%。

（九）半番鸭

半番鸭俗称“骡鸭”，是河鸭属的家鸭与栖鸭属的番鸭杂交的属间杂种，无繁殖能力。

1. 外貌特征

半番鸭头颈中等长度，体躯呈长方形，前胸突出，背宽平，胸骨基本与地面平行。雏鸭绒毛黄色，脱换幼羽后，羽色以黑白花为主，少数出现全白或全黑。

2. 生产性能

半番鸭根据母本品种的不同，可生产出三种不同体重的半番鸭。8周龄体：重大型为3.3~3.5千克，中型为2.8~3千克，小型为1.8~2千克。半番鸭抗病力强、耐粗易养、饲养周期短（一般8周龄上市）、肉质细嫩、瘦肉含量高、味道鲜美、脂肪率低，为当今有发展潜力的肉用鸭，也是水禽肥肝生产的理想素材。

（十）克里莫番鸭

克里莫番鸭也称“法国番鸭”，主要分布在广东、四川、福建、浙江、上海、江苏、海南等地。

1. 外貌特征

克里莫番鸭体躯长而宽，体躯前尖后窄，呈纺锤形，体躯与地面水平。头大，颈短，喙基部和眼周围有红色或黑色皮瘤，雄性皮瘤较发达。喙较短而窄，呈“雁形喙”。胸部宽阔丰满，头顶有一排纵向长羽，受刺激时会竖起。颈中等长，胸部宽而平，腹后部不发达，胸部、腿部肌肉发达，翅膀长达尾部，腿短而粗壮，趾爪强壮有力，步态平稳，尾部瘦长。

已经育成的克里莫番鸭商品系有R31系羽灰条纹、R41系羽黑色、R51系羽白色、R61系羽蓝条纹。

2. 生产性能

（1）繁殖性能

母鸭196日龄开产，两个产蛋期平均产蛋180~220枚，蛋重70~80克，蛋形椭圆，蛋形指数约1.39，蛋壳玉白色。种蛋受精率为90%~92%，受精蛋孵化率为75%~78%，育雏期成活率在95%

以上，孵化期35~36天。种公鸭利用年限为1~1.5年，种母鸭利用年限为2年。

（2）产肉性能

克里莫番鸭出壳体重约53克。公鸭10周龄体重3.9~4.3千克，母鸭2.5~2.7千克。

二、蛋用型鸭主要品种

（一）绍兴鸭

绍兴鸭亦称“绍兴麻鸭”“绍鸭”。

1. 外貌特征

绍兴鸭体型小巧，体躯狭长，嘴长，颈细，背平直。腹大，腹部丰满、下垂，站立或行走时躯体向前，与地面呈45度角，似琵琶状。根据毛色特点不同，可分为红毛绿翼梢系、带圈白翼梢系、白羽系。

（1）红毛绿翼梢系

公鸭喙呈黄色，略带青色。羽色以麻栗色居多，胸腹部羽色较浅，头部、颈上部、镜羽、尾羽和性羽均呈墨绿色，有光泽。虹彩呈褐色，皮肤呈淡黄色，胫、蹼呈橘黄色，爪呈黑色。母鸭全身以棕红色雀斑羽为主，胸腹部羽毛呈有光泽的棕黄色。喙呈灰黄色，喙豆呈黑色。虹彩呈褐色，皮肤呈淡黄色，胫、蹼呈橘黄色，爪呈黑色。雏鸭绒毛呈暗黄色。

（2）带圈白翼梢系

公鸭羽色多呈淡麻栗色，头、颈上部及尾部均呈墨绿色，富有光泽，并有少量镜羽。喙、胫、蹼呈橘黄色，爪呈白色。母鸭以麻雀羽毛为主，颈中间有长短不一的白色羽毛圈，主翼羽和腹部、臀部羽毛呈白色。虹彩呈蓝灰色，皮肤呈浅黄色，喙、胫、蹼呈橘黄色，爪呈白色。雏鸭绒毛呈淡黄色。

（3）白羽系

公鸭全身羽毛以白色为主，颈中间有长短不一的灰白色羽圈，头部羽毛呈灰白色，喙、胫、蹼呈橘红色。母鸭全身羽毛为白色，喙、胫、蹼呈橘红色。雏鸭绒毛呈淡黄色。

2. 生产性能

（1）繁殖性能

绍兴鸭成年公鸭和母鸭的平均体重分别为1.5千克和1.54千克，母鸭平均104日龄开产，年产蛋数307个，平均蛋重67克。蛋壳白色和青色各半。公母配种比例为1：20时，种蛋受精率为95%，受精蛋孵化率为89%。

（2）产肉性能

绍兴鸭初生体重36克，在放牧条件下1月龄体重0.45~0.5千克，2月龄体重0.75~0.85千克，3月龄体重1.2~1.3千克。带圈白翼梢系：成年公鸭体重1.42千克，成年母鸭体重1.27千克；红毛绿翼梢系：成年公鸭体重1.32千克，成年母鸭体重1.26千克。

成年公鸭半净膛率可达82.5%，全净膛率为74.5%；成年母鸭半净膛率可达84.8%，全净膛率为74%。

（二）龙岩山麻鸭

1. 外貌特征

龙岩山麻鸭喙豆呈黑色，虹彩呈褐色，皮肤呈黄色，胫、蹼呈橙黄色，爪呈黑褐色。公鸭喙呈青黄色，头及颈部上段的羽毛呈光亮的孔雀绿，且有一条白颈圈，胸羽呈赤棕色，腹羽呈白色。母鸭喙呈黄色，羽色多为浅麻色，少数为褐麻色、杂色。雏鸭绒毛呈灰黄色，背颈至尾部羽毛呈黑色。

2. 生产性能

（1）繁殖性能

圈养条件下，龙岩山麻鸭84日龄可见蛋，50%的母鸭108日龄开产；500日龄母鸭产蛋数约299个。公母配种比例为1∶30~1∶35条件下，种蛋受精率为85%~88%，受精蛋孵化率为86%~89%。

（2）产肉性能

初生雏鸭体重40克。14周龄体重1.13千克。成年公鸭体重1.27千克，母鸭1.5千克。

成年公鸭半净膛率为72.8%，全净膛率为63%。成年母鸭半净膛率为67.4%，全净膛率为58.5%。

（三）莆田黑鸭

1. 外貌特征

莆田黑鸭体态轻盈、活泼，行走迅速。头呈椭圆形，眼突出有神，颈细长。全身羽毛着生紧密，呈浅黑色。喙略长，呈墨绿色。皮肤呈白色。胫、蹼、爪均呈黑色。公鸭颈较粗短，头、颈部羽毛具有金属光泽，前躯比后躯发达，尾部有3~4根向上卷曲的性羽。母鸭骨盆宽大，后躯发达。雏鸭全身绒毛呈黑色。

2. 生产性能

（1）繁殖性能

莆田黑鸭105~112日龄见蛋，50%母鸭120~130日龄开产，300日龄的母鸭产蛋数138~145个（平均蛋重67~70克），500日龄产蛋数283~296个。在舍饲公母配种比例为1∶20时，种蛋受精率为95%，受精蛋孵化率为90%。公鸭一般从6月龄开始配种，可利用1年；母鸭可利用2年。

（2）产肉性能

成年公鸭和母鸭的平均体重分别为1.36千克和1.43千克。成年公鸭半净膛率为74.2%，全净膛率为65.7%。成年母鸭半净膛率为73.8%，全净膛率为66.3%。

（四）连城白鸭

1. 外貌特征

连城白鸭公鸭、母鸭外貌极为相似，体躯细长、紧凑，颈细长，胸浅窄，腰平直，腹钝圆且略下垂，躯干呈狭长形。全身羽毛紧贴，呈白色。头秀长。喙宽，前端稍扁平，呈黑色，部分公鸭喙呈青绿色。眼圆大、外突，形似青蛙眼。皮肤呈白色，胫、蹼均呈黑褐色，爪呈黑色。成年公鸭尾端有3~5根卷曲的性羽。雏鸭全身绒毛呈黄色。

2. 生产性能

（1）繁殖性能

连城白鸭90~100日龄见蛋，50%母鸭118~125日龄开产。300日龄产蛋数约122个，500日龄产蛋数268个，平均蛋重63克。公母配种比例为1：20~1：30（早春1：20，夏秋1：30）时，舍饲鸭群种蛋受精率为87.5%，受精蛋孵化率为90.8%；放牧鸭群种蛋受精率可达92%以上，受精蛋孵化率在93%以上。

（2）产肉性能

成年公鸭体重1.16千克，母鸭1.35千克。成年公鸭半净膛率70.8%，全净膛率为62.3%。成年母鸭半净膛率为65.4%，全净膛率为58%。

（五）攸县麻鸭

1. 外貌特征

攸县麻鸭体型狭长，结构匀称，颈细短，羽毛紧密。虹彩呈浅褐色，皮肤呈白色，胫、蹼呈橙黄色，爪呈黑色。公鸭喙呈青绿色，喙豆呈黑色。颈上部羽毛呈翠绿色，富有光泽，颈中下部有一圈白环；颈下部和前胸羽毛呈赤褐色。翼羽呈灰褐色，腹羽呈黄白色，镜羽、尾羽和性羽呈墨绿色，3~4根性羽向前上方卷曲。母鸭喙呈黄色，全身羽毛呈黄褐色，有黑色斑块，镜羽呈墨绿色。雏鸭绒毛呈黄色。

2. 生产性能

（1）繁殖性能

攸县麻鸭50%母鸭开产日龄：春鸭130、夏鸭150、秋鸭180。500日龄产蛋数284个，平均蛋重61~62克，料蛋比为2.93∶1。公母配种比例为1∶25时，种蛋受精率为93%，受精蛋孵化率为85%。

（2）产肉性能

成年公鸭体重1.19千克，母鸭1.23千克。成年公鸭半净膛率为76.7%，全净膛率为67.6%。成年母鸭半净膛率为69.1%，全净膛率为61%。

（六）文登黑鸭

1. 外貌特征

文登黑鸭体型中等、紧凑，前胸较深，背部宽平，后躯发达。全身以黑羽为主，颈、食道膨大部羽毛为白色斑块，称"白嗉"。主翼羽外侧有3~5根不等的白羽，称"白翅尖"。喙以青黑色为主，深黑色较少。虹彩多呈深褐色或黑色，皮肤呈浅黄色，胫、蹼为橘黄色或黄黑相间。爪呈黑色，少数为灰色。公鸭头、颈部羽毛呈青绿色，尾部有3~4根向上弯曲的性羽。母鸭颈细身长，臀大腹宽，后躯丰满。雏鸭绒毛呈灰黑色，食道膨大部呈黄色。

2. 生产性能

（1）繁殖性能

120日龄见蛋，50%母鸭140日龄开产，年产蛋数210~240个，平均蛋重75克。公母配种比例为1∶25~1∶30时，种蛋受精率为95%，受精蛋孵化率为90%~91%。母鸭就巢率3%左右。

（2）产肉性能

成年公鸭体重1.92千克，母鸭1.79千克。成年公鸭半净膛率为77%，全净膛率为71.8%。成年母鸭半净膛率为72.9%，全净膛率为66%。

（七）咔叽-康贝尔鸭

咔叽-康贝尔鸭有黑色、白色和黄褐色3个品变种。

1. 外貌特征

咔叽-康贝尔鸭体型中等，体躯长而结实。头部清秀，颈略细长，喙中等大，眼大而明亮。背宽广、平直，长度中等。胸部饱满，腹部发育良好。两翼紧贴体躯。公鸭头、颈、翼、肩和尾部羽毛呈有光泽的青铜色，其余羽毛呈深褐色。喙呈绿蓝色，胫、蹼呈橘红色。母鸭羽毛呈褐色，有深浅之分，头、颈羽色较深，翼呈黄褐色，无镜羽，喙呈绿色或浅黑色，胫、蹼呈深褐色。雏鸭绒毛呈深褐色，喙、脚呈黑色，长大后羽色逐渐变浅。

2. 生产性能

（1）繁殖性能

咔叽-康贝尔鸭平均130日龄开产，年产蛋数260个以上，平均蛋重70克，蛋壳白色。公母配种比例为1：15~1：20时，种蛋受精率为85%。公鸭利用年限1年。母鸭第一年生产性能较好，第二年生产性能明显下降。

（2）产肉性能

成年公鸭体重1.54千克，母鸭1.33千克。成年公鸭半净膛率为84.5%，全净膛率为76.8%。成年母鸭半净膛率为78.3%，全净膛率为69.9%。

三、肉蛋兼用型鸭主要品种

（一）高邮鸭

1. 外貌特征

高邮鸭体型较大，体躯呈长方形。喙豆呈黑色，虹彩呈褐色，皮肤呈白色或浅黄色。公鸭肩宽背阔，胸深。喙呈青色略带微黄。头和颈上部羽毛呈深孔雀绿色，背、腰部羽毛呈棕褐色，胸部羽毛呈棕黑色，腹部羽毛呈灰白色，翅内侧为芦花羽，镜羽呈蓝紫色，尾羽呈黑色，性羽呈墨绿色并向上卷曲。胫呈橘黄色。母鸭颈细。喙呈青灰色或微黄色，少数呈橘黄色。全身羽毛为浅麻色，花纹细小。镜羽呈蓝绿色。胫多呈青灰色。雏鸭绒毛呈黄色。

2. 生产性能

（1）繁殖性能

高邮鸭5%产蛋率为170~190日龄，500日龄产蛋数190~200个，平均蛋重84克。公母配种比例为1∶20~1∶30时，圈养条件下种蛋受精率为86%~90%；放牧饲养条件下种蛋受精率为90%~93%，受精蛋孵化率为90%。

（2）产肉性能

在舍饲条件下，高邮鸭56日龄平均体重为2.48千克，料肉比为3.4∶1。初生至21日龄成活率为96%，22~56日龄成活率为97.8%。成年公鸭体重2.66千克，母鸭2.79千克。成年公鸭半净膛率为79.9%，全净膛率为72.6%。成年母鸭半净膛率为84.4%，全净膛率为74%。

（二）建昌鸭

1. 外貌特征

建昌鸭体型较大，形似平底船，羽毛丰满，尾羽呈三角形向上翘起。头大，颈粗。喙宽，喙豆呈黑色。胫、蹼呈橘黄色，爪呈黑色。公鸭喙多呈草黄色。头和颈上部羽毛及主、副翼羽呈翠绿色，颈部下1/3处多有一白颈圈。颈下部、前胸及鞍部羽毛呈红棕色，腹部羽毛呈银灰色，尾羽呈黑色，向上翘起，尾端有2~4根性羽向背部卷曲，俗称“绿头红胸银肚青嘴公”。母鸭喙多呈橘黄色。全身羽毛以黄麻色居多，褐麻和黑白花次之。雏鸭绒毛呈黑灰色，喙呈青色或黄色。建昌鸭还有白胸黑鸭，公母鸭均无颈圈，前胸羽毛为白色，体羽近黑色，喙呈黑色。

2. 生产性能

（1）繁殖性能

建昌鸭180日龄开产，年产蛋数140~150个，平均蛋重75克。种蛋受精率为92%~94%，受精蛋孵化率为94%~96%。

（2）产肉性能

建昌鸭在舍饲条件下，70日龄公鸭体重达2.1千克，90日龄公鸭体重达2.53千克。成年公鸭体重2.7千克，母鸭2.4千克。成年公鸭半净膛率为80.5%，全净膛率为74.2%。成年母鸭半净膛率为77.1%，全净膛率为67.9%。

（三）大余鸭

1. 外貌特征

大余鸭体型中等偏大，头稍粗。喙以黄色居多，少数为青色。皮肤白色，胫、蹼呈青黄色。公鸭颈部粗，头、颈、背部羽毛呈红褐色，少数头部羽毛呈墨绿色，镜羽呈墨绿色。母鸭颈部细长，全身羽毛呈红褐色，有较大的黑色斑点，称“大粒麻”。镜羽呈墨绿色，少数有白颈圈，鞍羽杂有白色。雏鸭全身绒毛呈黄色，背部及头部各有一小块浅黑色斑。

2. 生产性能

（1）繁殖性能

大余鸭平均175日龄开产，开产蛋重65克左右，300日龄平均蛋重82克，500日龄产蛋数190个。种蛋受精率为95%左右，受精蛋孵化率为92%左右。就巢率为10%~15%。

（2）产肉性能

大余鸭在舍饲条件下，90日龄公鸭体重达1.45千克，120日龄公鸭体重达1.83千克。成年公鸭体重2.3千克，母鸭2.4千克。

成年公鸭半净膛率为72.8%，全净膛率为65.1%。成年母鸭半净膛率为67.1%，全净膛率为63.7%。

（四）巢湖鸭

1. 外貌特征

巢湖鸭体型中等，羽毛紧密而有光泽，颈细长。喙豆呈黑色，虹彩呈褐色，皮肤呈白色，胫、蹼呈橘红色，爪呈黑色。公鸭喙呈橘黄色，头和颈上部羽毛呈墨绿色、有光泽，颈下部羽毛呈灰褐色。主翼羽呈灰黑色，背羽前半部呈灰褐色，后半部呈灰色，胸羽呈浅褐色，镜羽呈有光泽的墨绿色。腹部呈白色，臀部呈黑色，性羽呈灰黑色，尾羽呈灰色，尾梢呈白麻色。母鸭喙呈黄绿色或黄褐色，颈羽呈麻黄色，主翼羽呈灰黑色，背羽呈麻黄色，胸羽呈浅麻色，镜羽呈有光泽的墨绿色，尾羽呈麻黄色，腹部呈浅麻色。雏鸭绒毛呈黄色。

2. 生产性能

（1）繁殖性能

巢湖鸭150~180日龄开产，500日龄产蛋数170~200个，蛋重71~83克。公母配种比例为1∶15~1∶20时，种蛋受精率为92%~95%，受精蛋孵化率为90%~95%。

（2）产肉性能

在舍饲条件下，70日龄公鸭体重达2.1千克。成年公鸭体重1.96千克，母鸭1.76千克。成年公鸭半净膛率为80.1%，全净膛率为70.9%。成年母鸭半净膛率为84.1%，全净膛率为71.6%。

（五）广西小麻鸭

1. 外貌特征

广西小麻鸭体型小、紧凑。喙豆呈黑色，皮肤呈黄色，胫、蹼均为橘红色，爪呈黑色。公鸭喙为浅绿色，头、颈上半部羽毛为墨绿色，有白颈圈。体羽以灰色居多，副翼羽上有翠绿色的镜羽，有2~4根性羽向上翘起。母鸭喙为栗色，头部羽毛为麻色，有白眉。体羽有麻黄色、黑麻色。

2. 生产性能

（1）繁殖性能

广西小麻鸭50%母鸭150日龄开产，72周龄产蛋数200个，平均蛋重71克。公母配种比例为1∶10时，种蛋受精率为90%，受精蛋孵化率在95%以上。

（2）产肉性能

广西小麻鸭在以放牧为主的饲养条件下，3月龄公鸭体重达1650克，母鸭达1450克。成年公鸭体重1.67千克，母鸭1.43千克。成年公鸭半净膛率为82.9%，全净膛率为74.5%。成年母鸭半净膛率为83.9%，全净膛率为76.2%。

（六）吉安红毛鸭

1. 外貌特征

吉安红毛鸭体型短圆，镜羽为灰色，虹彩大多呈灰黑色，皮肤呈白色，蹼呈橘红色。公鸭的头、颈部羽毛呈灰红色，少数颈部有白圈或半白圈。翅和躯干羽毛为褐色或棕色，腹羽和尾羽呈灰白色稍带红棕色。喙呈橘红色或青黄色，胫呈橘红色。母鸭的头、颈、翅和躯干羽毛呈棕色或浅棕色，腹羽和尾羽呈灰白色。喙呈棕色或褐色，胫呈褐红色或棕红色。雏鸭绒毛呈黄色，多数个体头顶及尾端有浅灰色斑块。

2. 生产性能

（1）繁殖性能

吉安红毛鸭133~140日龄开产，开产蛋重40~50克，年产蛋数232个，300日龄平均蛋重71克。种蛋受精率为90%，受精蛋孵化率为95%。

（2）产肉性能

90日龄公母鸭平均体重1.49千克，120日龄公母鸭平均体重1.83千克。成年公鸭体重1.85千克，母鸭1.79千克。成年公鸭半净膛率为77.2%，全净膛率为69.8%。成年母鸭半净膛率为75.9%，全净膛率为68.2%。

（七）汉中麻鸭

1. 外貌特征

汉中麻鸭体型较小，体躯较长。头清秀，颈细长，背部宽大，腿短粗。羽毛紧凑，体羽以麻褐色居多，约占80%，少量为土黄色、黑色、黑白花及白色。喙呈橙黄色，喙豆呈黑色。虹彩呈黄褐色。皮肤呈黄色。胫、蹼多呈橘红色，少数呈黑色。公鸭头部、主翼羽及颈部上1/3处羽毛多为青绿色，有翠绿光泽。性羽2~3根向前上方卷曲，具有墨绿色光泽。母鸭羽毛颜色为麻黄色、麻黑色、淡黄色或麻褐色。雏鸭绒羽多为橙黄色，少数呈土黄色。

2. 生产性能

（1）繁殖性能

汉中麻鸭50%母鸭160~180日龄开产，500日龄产蛋数206个，蛋重62~63克。种蛋受精率为85%~90%，受精蛋孵化率为85%~90%。

（2）产肉性能

90日龄公母鸭平均体重0.88千克。成年公鸭体重1.25千克，母鸭1.31千克。成年公鸭半净膛率为78.6%，全净膛率为71.3%。成年母鸭半净膛率为75.6%，全净膛率为66.8%。

（八）临武鸭

1. 外貌特征

临武鸭躯干较长，后躯比前躯发达，体躯呈圆筒状。喙呈黄色，喙豆呈墨绿色。虹彩呈深灰色，皮肤呈白色，胫、蹼呈黄色或橘黄色。公鸭头、颈以棕褐色者居多，也有呈绿色者，大部分颈中部有2~3厘米宽的白色羽环。腹羽以棕褐色居多，少数为灰白色和土黄色。翼羽和尾羽多为黄褐色和绿色相间，2~3根性羽向上卷曲。母鸭全身羽毛为麻黄色或土黄色，大部分颈中部有白色羽环。雏鸭绒毛呈黄色，腹羽黄中透白。

2. 生产性能

（1）繁殖性能

临武鸭平均127日龄开产，开产蛋重53克，年产蛋数246个，平均蛋重70克。公鸭90日龄有性行为，120日龄达到性成熟。圈养下，公母配种比例为1∶15~1∶20，放牧饲养为1∶20~1∶25时，种蛋受精率为93%，受精蛋孵化率为87%。一般公鸭利用年限为1年；母鸭利用年限圈养为1年，放牧饲养为2年。

（2）产肉性能

70日龄公母鸭平均体重1.67千克，90日龄公母鸭平均体重1.73千克。成年公鸭体重1.79千克，母鸭1.69千克。成年公鸭半净膛率为81.4%，全净膛率为73.8%。成年母鸭半净膛率为80.8%，全净膛率为70.4%。

思考题

1. 鸭的品种按用途可分为哪些类型？
2. 肉用型鸭与蛋用型鸭外观特征有何区别？

第三章　鸭场设施设备

本章提要与学习指导

本章主要介绍鸭场如何科学选址、选址时应考虑的关键因素、养鸭场的合理布局原则，以及不同类型鸭舍的建筑设计与配套设施。学习时要求了解鸭场的规划布局，掌握鸭场的选址方法，可以设计不同类型的鸭舍，了解和掌握建场时应准备哪些设施设备。

第一节　鸭场规划设计

一、科学选址

（一）地势

地势要相对较高。查看当地历史最高水位线，选择高于历史最高水位线的地方建造鸭场。

鸭场要向阳避风，特别是避开西北方向的山口。

鸭场的地面要平坦且有一定坡度，以便排水。

（二）地形

建设鸭场的地方要开阔，便于合理布置场区建筑和各种设施，并有利于充分利用场地。

鸭舍的用地面积应根据饲养鸭的总体数量来定。

从原则上来说，在鸭场的周围有一些大树等天然屏障没有弊端，可以防止鸭场影响附近居民或者单位。但是如果树木太过于密集就会影响有效光照度，不利于鸭的成长。

（三）土壤

鸭场选择在贫瘠的沙地较好。鸭场内的土质应该是透气性好、吸湿性和导热性小、质地均匀、抗压性强的土壤，沙质土壤最适合（雨季到来的时候可以让雨水迅速渗透）。

（四）水源

①水量要充足。既要能满足工作人员和鸭群的生产、生活用水，也要满足鸭场其他方面的用水。

②水质要好，不经处理就能符合饮用标准的水最为理想。在选择时要调查当地是否因水质而出现过某些疾病。

③水源取用方便，设备投资少，处理技术简便易行。

（五）区域

鸭场选址必须符合当地部门的区域规划，符合畜禽规模养殖用地规划及相关法律法规要求，同时符合环境保护的要求，不能在自然保护区、旅游区、重要水系区等地建场，只能在当地行政规划部门允许的范围内建场。鸭场选址要距离水源地3000米以上，鸭场不能对周边环境造成污染和破坏。

（六）交通

交通因素也不能忽略。由于鸭场的生产产品和饲料的运输量较大，因此，在考虑防疫隔离的同时，也要选择有良好的交通运输条件，离转运站较近的地方建场，尽可能做到防疫与交通运输兼顾。

（七）供电

孵化、育雏、通风、人工光照、自动喂料等都离不开电，电力供应不足和停电，都会造成严重损失。因此，应选择供电正常的地方，并自备发电机，便于停电时使用。如果当地电源的电压过低或不稳定，还应备有交流稳压器。

二、合理布局

鸭场朝向应考虑冬季防寒保温和夏季防暑的需要，整个鸭场朝向以朝南或朝东南为好。

管理区、生产区要合理布局。管理区宜设在鸭场上风向和地势较高地段，其余区域依次为生产区、病鸭管理区、粪污处理区。管理区与生产区应至少保持200米距离；生产区与病鸭管理区之间应有200米以上距离；生产区距粪污处理区至少100米，并严禁随处堆放粪便。

生产区是鸭场的核心，鸭舍是生产区的主要建筑，应根据产品销售、防疫灭病等因素全面考虑规划，并结合风向、地势、地形、光照等因素合理布局。根据主风方向，依次设置孵化室、育雏舍、育成鸭舍、成鸭（种鸭）舍等，即孵化室在上风向，成鸭（种鸭）舍在下风向。按此安排，雏鸭能得到新鲜空气，且减少雏鸭发病机会。干草与垫料必须设在生产区的下风向，并与其他建筑物保持60米以上的防火间距。

第二节 鸭舍建筑设计

一、鸭舍建筑

鸭舍建筑包括两大类：简易鸭舍和固定鸭舍。简易鸭舍在我国长江流域和南方地区多见，常分为行棚和草舍两种。固定鸭舍按照建筑样式分为单列式鸭舍、双列式鸭舍、开放式鸭舍、半开放式鸭舍、密闭式笼养鸭舍等。根据养殖模式的不同又分为散养鸭舍、网床平养鸭舍和笼养鸭舍等。

（一）散养鸭舍

散养鸭舍通常由鸭舍、鸭滩、水围三个部分组成。

1. 鸭舍

鸭舍最基本的要求是遮阳防晒、阻风挡雨、防寒保温和防止兽害。鸭舍应近似于正方形，便于鸭群在舍内做转圈活动。绝对不能把鸭舍分隔成狭窄的长方形，否则鸭进舍转圈时极容易发生踩踏致伤。通常饲养1000~2000只鸭的小型鸭场，建2~4间鸭舍（每间养500只左右），旁边建3个小房间，作为仓库、饲料室和管理人员宿舍。

由于鸭的品种、日龄及各地气候不同，鸭舍面积也不一样。因此，在建造鸭舍时，建筑面积要留有余地，适当放宽。但在使用鸭舍时，要周密计划，充分利用建筑面积，提高鸭舍的利用率。使用鸭舍的原则是：在单位面积内，冬季可提高饲养密度，适当多养些，夏季反之；大面积的鸭舍，饲养密度适当大些，小面积的反之；运动场大的鸭舍，饲养密度可以大一些，运动场小的反之。

2. 鸭滩

鸭滩又称陆上运动场，一端紧连鸭舍，一端直通水面，可为鸭群提供采食、梳理羽毛和休息的场所，其面积应超过鸭舍一倍。鸭滩略向水面倾斜，以利排水。鸭滩的地面以水泥地为好，也可以是夯实的泥地，但必须平整，以免蓄积污水。有的鸭场把喂鸭后剩下的贝壳、螺蛳壳平铺在泥地的鸭滩上，这样，即使在大雨过后，鸭滩也不会积水，仍可保持干燥清洁。鸭滩连接水面之处宜做成一个倾斜的小坡，此处是鸭群入水和上岸的必经之地，使用率极高，但易受到水浪的冲击，坍塌凹陷，应用块石砌好，浇上水泥，把坡面修得平整坚固，深入水中（最好在水位最低的枯水期修建坡面），方便鸭群上下水。此处若草率修建，会造成凹凸不平的现象，导致鸭伤残，造成经济损失。

鸭滩上应种植一些树木，并砌上围栏，以免鸭入内啄伤幼树的枝叶，同时防止浓度很高的鸭粪肥水渗入树的根部致树木死亡。在鸭滩上植树，不仅能美化环境，而且还能充分利用鸭滩的土地和剩余的肥料，促进树木生长和水果丰收，增加经济收入，还可以遮阳降温，一举多得。

3. 水围

水围即水上运动场，就是鸭洗澡、嬉耍的运动场所，面积应不小于鸭滩。考虑到枯水季节水面会缩小，如有条件，应尽量把水围扩大些，有利于鸭群运动。鸭舍、鸭滩、水围均需用围栏将其围成一体。围栏在陆地上的高度为60~80厘米，水上围栏的上沿高度应超过最高水位50厘米，下沿最好深入河底或低于最低水位50厘米。鸭滩、水围要和鸭舍隔开，以免串群。

（二）网床平养鸭舍

1. 鸭舍的选择

选择地势干燥、环境安静、水源充足、通风采光好、交通方便的地方。舍内网架下面可铺半倾斜的水泥地面，以利清扫和冲洗鸭粪。

2. 建筑面积

建筑面积由饲养量决定，饲养密度肉用型鸭育雏期为每平方米10~15只，大鸭期为每平方米4~6只。蛋用型鸭育雏期为每平方米15~20只，大鸭期为每平方米8~10只。

3. 网床设置

育雏室网床和中鸭、成鸭网床高70厘米，宽3~4米，长与鸭舍长度相等，单列式或双列式均可。网床用木架，网用毛竹片（毛竹破成宽2厘米，长与网床宽度相等的竹片）或塑料网铺架。

育雏网床的竹片间距1厘米，中鸭、成鸭网床的竹片间距2厘米。网架外侧设高50厘米左右的栏栅。栏栅间距5厘米，在栏栅内侧设置水槽和食槽。如有条件，网床也可用8号或10号铁丝或塑料网，网眼直径约1厘米。

种鸭网上平养时，网床布局可采用单列式或双列式设计。网床上应设围栏隔断，网床下宜安装刮粪板，地面应做硬化处理，宜采用水泥地面，有一定坡度。支撑网床的支架应坚固、耐腐蚀、可承重。网床接触鸭的网片应耐腐蚀且不危害种鸭健康。网床应距地面0.6~1米，网床网孔2~2.5厘米，可让鸭粪通过且不会卡住种鸭掌。

（三）密闭式立体笼养鸭舍

鸭笼养方式技术要点包括鸭舍建筑、笼具设计、配套设施等。

1. 鸭舍建筑

鸭舍以钢结构、砖混结构为主，地面采用混凝土结构。鸭舍的走向根据各地区的太阳辐射、主导风向和场区地形等因素加以确定，一般以南北方向为宜。

2. 笼具设计

①叠层式鸭笼。这种笼具饲养密度最大，多用轨道车式喂食机、杯式或乳头式饮水器以及输送带式清粪器。由于饲养密度大，舍内空气流通较差，对通风换气的要求较严格。

②全阶梯式鸭笼。上下层笼体互相错开，基本上没有重叠或稍有重叠，饲养密度较小，鸭笼各部位的通风采光均匀，适用于开放式鸭舍。

③半阶梯式鸭笼。上下层笼体有部分重叠，重叠量可达笼体深度的1/4~1/3，下层笼的顶网在重叠部分做成斜角，上置刮粪板，使鸭粪直接落入粪沟。饲养密度大于全阶梯式鸭笼，适用于密闭式鸭舍或通风条件好的开放式鸭舍。

④平置式鸭笼。仅设一层鸭笼，每两排鸭笼背靠背安装，合

用一条饲槽、水槽。鸭笼列间不必设走廊，故其饲养密度大于全阶梯式鸭笼。喂料、饮水、清粪和集蛋必须全部机械化。

3. 配套设施

（1）喂料系统

鸭舍配有料桶、料塔、饲料输送绞龙、行车式喂料机、料槽。1~6日龄肉鸭采用料桶饲喂，7日龄后使用行车式喂料机、料槽饲喂。

（2）饮水系统

乳头式饮水系统流量不低于每分钟120毫升。乳头式饮水器要调整到合适的角度，1~3日龄鸭饮水角度宜为45度，4日龄后饮水角度宜为60~70度。

（3）通风系统

通风系统包括风机、通风小窗、通风管等。风机安装在鸭舍后端山墙面，一般2000只鸭配置一台直径1.4米的风机。通风小窗开在鸭舍两边侧墙上，间隔2米开设1个（棚舍后端6米以内不安装）。通风管由舍外开口延伸至舍内，在舍内顶端横向排布，每2米安装一根，两侧联通（棚舍后端6米以内不安装）。根据舍内通风换气的需要开启风机，舍外新鲜空气由通风小窗和通风管在舍外的开口进入，空气在通风管内流动，从通风管的管口到达舍内各处，以保障舍内空气交换均匀。

（4）降温系统

降温系统主要采用湿帘和风机降温，鸭舍后端安装风机，前端墙上镶嵌安装一块长12米（与墙壁长度基本相同）、宽2米的湿帘，湿帘距离地面50~60厘米，采用纵向通风。一般用循环用水为湿帘供水。

（5）供电系统

鸭场应有稳定的电力供应，其供电设施应与场内用电负荷相匹配，并根据棚舍总功率的120%配备发电机。光照采用发光二极管串成灯带，灯带悬于两列笼具中间过道的上空，一般距离第三层笼具1~1.5米，48伏直流供电，前后各一组稳压、调压器，光照强度可调。一般采用全天光照，光照强度从80%逐渐调整到出栏时的30%。

（6）粪污处理系统

粪污收集：每层笼具下配套安装电机带动的传粪带，传粪带宽度略窄于笼具（例如单笼纵深1米时，传粪带宽95厘米），选用聚氯乙烯材质。饲养管理中，可根据鸭的日龄、排粪量，及时启动传粪带，将鸭粪传送到鸭舍末端的储粪池中。传送频次为1~5日龄1次；6~15日龄，每2天1次；16日龄至出栏，每天1次。注意每批鸭出栏后，将传粪带放松，防止持续拉伸造成传粪带松弛无力。

粪污处理：采用粪水分离机对粪水进行固液分离，分离后的固态物进入发酵大棚，补充稻壳等进行槽式好氧发酵；液态物进入黑膜氧化塘进行厌氧发酵。

（7）防疫设施

鸭场四周应建围墙，大门入口处设车辆消毒通道，生产区入口应设置人员消毒间和饲料接收间，场外饲料车严禁驶入生产区。

（8）智能养殖物联网管理系统

鸭舍智能养殖物联网管理系统主要包括肉鸭养殖环境监测、鸭场整体视频监控与智能报警、生产数据实时网络传输、肉鸭精确饲喂、远程智能控制等功能。

二、鸭舍分类

鸭舍按用途分为育雏鸭舍、育成鸭舍、种鸭舍、肉鸭舍和蛋鸭舍。

（一）育雏鸭舍

雏鸭保暖期需要21天左右，故育雏鸭舍应选在向阳背风、地势高且干燥的地方，并要求保温良好，利于通风换气，无“贼风”，且电力供应稳定，便于安装保温设备。

育雏鸭舍通常应设置气窗，便于空气流通，北窗面积为南窗的1/3~1/2。所有窗与下水道口都要装上铁丝网，以防兽害。育雏鸭舍地面最好用水泥或砖铺成，并向一边倾斜，便于消毒和排水。室内放置饮水器的地方要有排水沟，并盖上网板。

为便于保温和管理，育雏鸭舍内可分成若干个单独的育雏间，也可用活动隔离栅栏分隔成若干单间。每小间的面积为25~30平方米，可容纳约100只30日龄以下的雏鸭。舍内地面应比舍外高20~30厘米，鸭舍正面应设料槽和戏水池。

（二）育成鸭舍

育成鸭舍也称青年鸭舍。此阶段的鸭生存能力较强，对温度的要求不如雏鸭严格。因此，育成鸭舍的建筑结构简单，基本要求是遮风挡雨、夏季通风、冬季保暖、室内干燥。

在南方气候温暖地区可采用简易的棚架式鸭舍。单列式鸭舍的四面可用竹竿围成栅栏，围高70厘米左右，每根竹竿间距5~6厘米，以利于鸭伸出头采食和饮水。双列式鸭舍可在鸭舍中间留出通道，两边各设料槽和水槽。棚底用竹条编成，竹条间孔隙约3厘米，以利于漏粪。

（三）种鸭舍

种鸭舍的要求是防寒和隔热，有条件的地方应安装天花板或隔热装置。

产蛋期种鸭棚一般由鸭舍、鸭滩和水围三部分组成。鸭舍宽度通常为8~10米，长度视需要而定。舍内地面比舍外高10~20厘米，在鸭舍地面较高处设置产蛋间或产蛋栏，也可安置产蛋箱。产蛋间可用高60厘米的竹竿围成，在地面上铺细沙或在木板上铺稻草，开设2~3个小门，让产蛋鸭自由进出。

（四）肉鸭舍

可采用地面散养、网床平养等方式。

（五）蛋鸭舍

可采用地面散养、笼养、网床平养等方式。

第三节　鸭场设备

一、喂料设备

肉鸭的喂料设备主要有开食盘、料桶、料槽等。大型肉鸭专业化生产企业也有自动喂料系统，俗称“料线”。

（一）开食盘

开食盘用于雏鸭开食，一般1个开食盘可供35~40只雏鸭使用。

（二）料桶

料桶多采用塑料塔式设计，方便清洗和消毒。由于鸭喙扁平，因此取食口径要宽大一些。

（三）料槽

料槽一般采用自流式双面设计，加装限料板后可限制鸭的采食量。

（四）喂料车

喂料车主要有手推式和电动式两种。喂料车由动力部分、行走部分、提升部分等结构组成。

（五）螺旋弹簧式喂料机

螺旋弹簧式喂料机广泛应用于网床平养鸭舍，由料箱、螺旋弹簧、输料管、盘桶式料槽、带料位器的料槽和传动装置组成。

（六）行车式喂料机

行车式喂料机适用于大中型笼养鸭场。根据料箱的配置不同可分为龙门式和跨笼料箱式；根据动力配置不同可分为牵引式和自走式。行车式喂料机主要由驱动部件（牵引件）、料箱、落料管等组成。

二、饮水设备

1. 真空式饮水器

真空式饮水器常用塑料制成，由筒和盘组成。

2. 槽式饮水器

槽式饮水器有长流水式和控水式两种，水槽断面为“U”形或“V”形。

3. 吊塔式饮水器

吊塔式饮水器为环形水盘。

4. 乳头式饮水器

乳头式饮水器是目前比较先进的饮水器具，规模化养鸭场普遍采用。使用乳头式饮水器水质不易被污染，能减少疾病的传播；蒸发量少，节约用水，适用范围广，能减轻人工劳动强度，是一种理想的封闭式饮水设备。乳头式饮水器主要由过滤器、调压器、水线、饮水乳头、水线升降系统和加药器组成。

三、清粪设备

现代化养鸭场普遍使用自动化清粪设备，可提高清粪效率和节省人工成本。目前自动清粪机分为牵引式清粪机和传送带式清粪机两种类型。

1. 牵引式清粪机

牵引式清粪机主要是为鸭的阶梯式笼养及网床式饲养而设计的纵向清粪系统。

2. 传送带式清粪机

传送带式清粪机多为叠层式笼养和阶梯式笼养而设计的纵向清粪系统，装配传送带。

四、通风设备

鸭舍通风按照通风动力可分为自然通风和机械通风。机械通风又可以分为正压、负压和零压通风三种模式。根据舍内气流组织方向，鸭舍通风可分为横向通风和纵向通风。

1. 轴流风机

轴流风机所吸入的和送出的空气流向与风机叶片轴的方向平行，风机叶片旋转方向可以逆转。旋转方向改变，气流方向也随之改变，而通风量不减少。轴流风机主要由叶轮、机壳、电动机等零部件组成，支架采用型钢与机壳风筒连接，结构简单。

2. 离心风机

离心风机利用高速旋转的叶轮将气体加速，然后减速、改变流向，使动能转换成势能（压力）。离心风机可制成右旋和左旋两种类型。

3. 吊扇和圆周风扇

养鸭场所使用的吊扇和圆周风扇必须喷涂防护层，增加抗腐蚀性。吊扇所产生的气流类型利于鸭舍的空气循环。吊扇和圆周风扇一般作为自然通风鸭舍的辅助通风设备，安装的位置和数量视养殖环境而定。

五、照明设备

在一般条件下，开放式鸭舍采用自然光照。夏季为了避免舍内温度高，应防止阳光直射到鸭舍内；冬季为了保温，并使地面保持干燥，应让阳光直射到鸭舍内。自然光照不足时需要人工照明补充。

人工照明一般以白炽灯、节能灯和发光二极管（LED）作为光源。照明灯在鸭舍内成列安装，相距3米左右，每列照明灯由一个电阀控制。照明灯距地面或网床床面1.7米左右。笼养鸭舍路灯安装应对行排列2~3排，设置在两列笼间的通道上，各排灯泡须交叉排列，使光能照射到料槽。上层的光照强度为下层的1~1.5倍。安装灯罩可防止部分光线被墙、顶棚等吸收。

六、清洗消毒设备

（一）物理消毒设备

物理消毒设备可用于冲洗场地、设施、车辆等。

1. 高压清洗机

高压清洗机的使用应视生产需要而定。

2. 紫外线消毒灯（紫外线杀菌灯）

紫外线消毒灯是一种利用紫外线的杀菌作用进行灭菌消毒的灯具，主要分固定式照射和移动式照射，可对水、空气、衣物等消毒灭菌。

3. 火焰消毒器

火焰消毒器是利用液化气作燃料的一种工业消毒设备。因喷出的火焰温度高，在实践中其常被用于消毒被病原体污染的金属制品，如鸭舍的金属笼具等。

（二）化学消毒设备

1. 喷雾器

喷雾器是喷雾器材的简称，可将消毒液体变成雾状喷射到物体上杀灭致病微生物。

2. 环境消毒车

在人的操作下环境消毒车可自由运行，其喷头可左右自动摆动，喷出的雾粒大小可调，除具有喷雾消毒功能外还具有冲洗功能，能有效控制疾病的发生。

思考题

1. 鸭场在选址时，应注意哪些方面？
2. 鸭舍的主要类型有哪些？
3. 请列举鸭场的主要设备（不少于10个）。

第四章　鸭的营养需要和饲料

本章提要与学习指导

本章主要介绍鸭的营养需要、饲养标准、常用的饲料原料，以及鸭饲料原料的营养成分。学习时要求了解不同类型鸭的营养需要量，掌握饲养标准，能够配制饲料。

第一节　鸭的营养需要和营养需要量标准

一、鸭的营养需要

1. 水

水是鸭体含量最多的一种物质。水在营养物质的消化吸收与转运及代谢产物的排泄、电解质代谢与体温调节上均起着重要作用。鸭是水禽，在饲养中应充分供水。饮水不足，会影响鸭的消化吸收，阻碍代谢，导致血液浓稠，体温升高，生长和产蛋都会受到影响。一般缺水比缺料更难维持鸭的生命，轻则引起食欲减退和代谢紊乱，严重时会导致死亡，高温季节缺水的后果更严重。因此，必须给鸭提供足够的清洁饮用水。

2. 淀粉

鸭的一切生理活动都需要消耗能量，主要的能量来源于饲料中的淀粉等。鸭体代谢旺盛，需要能量较多，故应该饲喂含淀粉较多的饲料。蛋白质也可产生能量，但由于蛋白质价格高，从经济效益考虑，不建议把蛋白质作为主要供给能量的营养物质。

3. 蛋白质

蛋白质是由多种氨基酸按一定顺序排列组成的、具有一定空间结构和特异功能的生物大分子，是维持肉鸭正常生命活动的营养物质。氨基酸在肉鸭体内的主要作用是合成蛋白质，以及用于合成机体需要的其他活性物质。另外，体内多余的氨基酸可以作为能源物质，为机体提供能量。当蛋白质和氨基酸不足时，肉鸭生长减慢或停滞，体内免疫球蛋白减少，抗病力降低，体重减轻，甚至死亡。当蛋白质过量时，肉鸭体内易发生尿酸盐沉积，引发痛风，并导致蛋白质浪费，饲料成本提高。另外，粪便中氮排泄量增加，会造成环境污染。饲料中的蛋白质含量一般指粗蛋白质（CP）含量，是饲料中含氮物质的总称。

4. 矿物质

矿物质是构成鸭骨骼、羽毛、血液等不可缺少的成分，对鸭的生长发育具有重要作用。鸭不能在体内合成矿物质，只能从食物中摄取。鸭必需的矿物质元素有26种，其中有11种为鸭需要量较大的矿物质元素，占体重的0.01%以上，称为常量元素，包括碳、氢、氧、氮、硫、钙、磷、钾、钠、氯、镁；另有15种元素需要量极微，占体重的0.01%以下，称为微量元素，包括铁、锌、铜、碘、锰、镍、钼、硒、钴、铬、氟、锡等。饲料中矿物质元素含量过多或缺乏都可能产生不良后果。

5. 维生素

维生素虽然需要量较少，但是鸭必需的营养物质，能参与酶活性的维持，增强免疫力，起到调节和控制新陈代谢的作用。鸭需要的维生素有十几种，根据其特性可分为水溶性维生素和脂溶性维生素。

二、鸭的营养需要量标准

不同品种、生长阶段和生产水平的鸭，其营养需要量不同。因此，我国先后制定了营养需要量标准、饲养标准和技术管理规程等。2012年，我国颁布了第一版《肉鸭饲养标准》（NY/T 2122—2012）。该标准对我国肉鸭饲料配制及肉鸭饲料工业的发展提供了必要的科学理论指导，填补了我国肉鸭饲料配制无标准可循的空白。2021年，我国发布了国家标准《蛋鸭营养需要量》（GB/T 41189—2021），规定了小型和中型蛋鸭的营养需要量，可供饲料企业、各种类型养殖场（户）参考。

各项标准是按照最低需要量制定的，实际生产中要发挥鸭的最佳生产性能和遗传潜力，应根据生产水平、饲养方式、饲料组成、环境条件、动物个体与饲料原料差异等多个因素灵活处理。

第二节　鸭常用饲料

一、鸭常用饲料原料

鸭常用的饲料有谷实类，糠麸类，块根、块茎、瓜果类，糟渣类等。

1. 谷实类

主要为玉米、小麦、大麦、燕麦、高粱、稻谷、小米等。如果用高粱饲喂，一定要粉碎或者用水泡软，再或者待高粱发芽后饲喂。稻谷的外壳很硬，一定要先磨成粉状再饲喂，由于稻谷外壳的粗纤维含量高，因此要少喂。

2. 糠麸类

包括麦麸、玉米糠、统糠等。这种饲料含粗纤维含量很高，如用麦麸和玉米糠喂鸭，则饲料中的含量不能超过15%。

3. 块根、块茎和瓜果类

包括马铃薯、甘薯、红薯、甜菜、胡萝卜、南瓜、西葫芦等。如果利用混合粉料，饲料中加了微量元素和多种维生素成分，就不用再加块根、块茎、瓜果类和青绿饲料了。

4. 糟渣类

酒渣、啤酒糟、豆腐渣、甜菜渣等都可以用来喂鸭。

5. 青绿饲料

包括各种蔬菜，人工种植的牧草和野生无毒的青草、野菜、水草等。青绿饲料含的营养成分比较全，维生素含量丰富，容易消化，并且青绿饲料来源比较广，成本低。

6. 植物性饲料

包括大豆、蚕豆、豌豆、花生饼、菜籽饼、葵花籽饼等。

7. 动物性饲料

包括鱼粉、肉骨粉、血粉、羽毛粉、蚕蛹粉、虾、蚯蚓、昆虫等。

8. 无机盐类饲料

包括贝壳粉、蛋壳粉、食盐等。

上述饲料原料中，属于能量饲料的为玉米、小麦、高粱、稻谷、米糠、小麦麸、块根、块茎等，属于蛋白质饲料的是植物性饲料和动物性饲料，属于矿物质饲料的主要是无机盐类饲料，属于维生素饲料的主要是青绿饲料。此外，还有其他类型的饲料也有被使用。

二、鸭常用饲料原料部分营养成分

表1引自《肉鸭饲养标准》（NY/T 2122—2012）。

表1　鸭常用饲料原料描述及部分成分表

中国饲料号	名称	干物质（%）	粗蛋白质（%）	粗脂肪（%）	粗纤维（%）	粗灰分（%）	钙（%）	总磷（%）	鸭表观代谢能（兆焦/千克）
4-07-0280	玉米	87.0	7.8	3.6	1.6	1.3	0.02	0.27	13.36
4-07-0273	稻谷	87.0	7.8	1.6	8.2	4.6	0.03	0.36	11.89
4-07-0276	糙米	87.0	8.8	2.0	0.7	1.3	0.03	0.35	14.19
4-07-0275	碎米	88.0	10.4	2.2	1.1	1.6	0.06	0.35	13.98
4-04-0067	木薯干	87.0	2.5	0.7	2.5	1.9	0.27	0.09	13.02
4-08-0069	小麦麸	87.0	15.7	3.9	6.5	4.9	0.11	0.92	6.62
4-08-0042	米糠	87.0	14.7	17.6	6.0	6.8	0.08	1.37	11.85
5-09-0127	大豆	88.0	35.5	17.3	4.3	4.2	0.27	0.48	13.78
5-10-0103	大豆粕	89.0	47.9	1.5	3.3	4.9	0.34	0.65	11.01
5-13-0045	鱼粉（CP62.5%）	90.0	62.5	4.0	0.5	12.3	3.96	3.05	13.82
5-13-0036	血粉	88.0	82.8	0.4	—	3.2	0.29	0.31	14.53
5-13-0037	羽毛粉	88.0	77.9	2.2	0.7	5.8	0.20	0.68	13.23

续表

中国饲料号	名称	干物质（%）	粗蛋白质（%）	粗脂肪（%）	粗纤维（%）	粗灰分（%）	钙（%）	总磷（%）	鸭表观代谢能（兆焦/千克）
5-13-0047	肉骨粉	93.0	50.0	8.5	2.8	31.7	9.20	4.70	11.22
1-05-0075	苜蓿草粉（CP17%）	87.0	17.2	2.6	25.6	8.3	1.52	0.22	5.65

注：1. 除鸭表观代谢能数据采用实测值外，其他数据来源于中国饲料数据库情报网中心发布的《中国饲料成分及营养价值表》、《中国饲料学》（张子仪主编，2000）及中国农业科学院北京畜牧兽医研究所水禽研究室饲料原料测定数据。

2. "—"表示数据不详，含量无或含量极少而不予考虑。

第三节　鸭日粮配制

合理配制日粮可以保证鸭生长所需要的各种营养，降低养殖成本，提高饲料利用率。饲料原料应多样化，充分发挥营养物质之间的互补和平衡作用，提高饲料报酬，提高适口性。

一、日粮配制步骤

①参照鸭的饲养标准，找出不同阶段对应的各种营养物质的种类。

②根据现有的饲料，选择既符合营养要求，适口性又好的饲料，初步确定日粮中各种原料的比例。

③参照鸭常用饲料原料描述及部分成分表或国家（地区）的饲养标准、规范等，找出拟选饲料的各种营养成分的含量，然后分别计算所选每一种饲料初步定量的营养成分的数值。计算营养成分之后，把各种饲料的同一营养成分的数值分别相加，与饲养

标准、规范对照，可不断调整，直至基本一致。

④其他营养成分的计算，如粗纤维、粗脂肪等，可依照与上述同样的方法进行，至于钙、磷和食盐只要根据营养需要略加估计即可，不足的数量主要靠补加，直到满足。微量元素和维生素添加剂则按使用说明书计算用量。

二、日粮配制的注意事项

①因地制宜选配饲料。尽量利用当地饲料资源，既要考虑营养价值，也要注意价格因素，以降低成本。

②配制的日粮要与饲养标准接近，以免营养缺乏或过剩，造成某些营养缺乏症或经济损失。鸭饲料中的蛋白质与能量比例要平衡，否则会使饲料消耗增加。

③注意日粮的品质和适口性，忌用霉变或含有害物质的原料配制日粮。每次配制饲料量不宜过多，以7~10天吃完为宜，应保持饲料新鲜。

④饲料必须充分拌匀，特别是维生素、微量元素和药物等各种添加剂。

⑤日粮应有相对的稳定性，必须改变时，最好有1周的过渡期。

⑥配制日粮的饲料种类要尽可能多一些，以便在营养上互相配合，取长补短。

三、肉鸭的日粮参考配方

1. 雏鸭阶段（1~3周龄）

参考配方：玉米50%、菜籽饼20%、碎米10%、麸皮10%、鱼粉7.5%、骨粉1%、贝壳粉1%、食盐0.5%。

2. 育成阶段（4~6周龄）

参考配方：玉米50%、麦子17%、麸皮12%、碎米10%、菜籽饼5%、鱼粉4.5%、贝壳粉1%、食盐0.5%。

3. 大鸭阶段（7~8周龄）

参考配方：玉米35%、面粉26.5%、米糠25%、高粱10%、贝壳粉2%、骨粉1%、食盐0.5%。

四、蛋鸭的日粮参考配方

1. 雏鸭阶段（1~8周龄）

参考配方：玉米58.7%、豆粕26%、菜粕或棉粕7%、石粉4%（骨粉、贝壳粉均可）、专用预混料4%、食盐0.3%。第一周雏鸭建议全部饲喂全价颗粒饲料。

2. 育成阶段（8周龄~开产）

参考配方：玉米64%、豆粕16%、石粉9.7%（骨粉、贝壳粉均可）、菜粕或棉粕6%、专用预混料4%、食盐0.3%，优质多种维生素适量。

3. 产蛋阶段

参考配方：玉米51%、豆粕22%、次粉10%、石粉9.7%（骨粉、贝壳粉均可）、专用预混料4%、菜粕或棉粕3%、食盐0.3%。

五、嘉积鸭肉鸭的日粮参考配方

1. 育雏阶段（1~4周龄）

参考配方：玉米62%、稻谷3%、麦麸6%、统糠3%、豆粕

19%、花生饼3%、贝壳粉1.2%、食盐0.5%、专用预混料2.3%。

2. 育成阶段（5~10周龄）

参考配方：大米28%、玉米20%、稻谷16.7%、麦麸17%、统糠12%、豆粕5%、花生饼1%、食盐0.3%。

3. 育肥阶段（11~14周龄）

参考配方：大米30%、玉米10%、稻谷13%、木薯或红薯5%、麦麸14%、统糠20%、花生饼3%、食盐0.3%、食用油4.7%。

六、嘉积鸭种鸭的日粮参考配方

1. 育雏阶段（1~4周龄）

参考配方：玉米43%、豆粕23.4%、高粱10%、小麦10%、玉米蛋白粉5%、膨化大豆4%、专用预混料2%、细石粉1.5%、磷酸氢钙1.1%。

2. 生长阶段（5~7周龄）

参考配方：玉米32.6%、高粱15%、小麦15%、木薯5%、豆粕12%、玉米蛋白粉4%、葵花籽粕4%、干酒糟及其可溶物（英文缩略语"DDGS"）4%、统糠4.1%、细石粉1.5%、磷酸氢钙0.8%、专用预混料2%。

3. 育成阶段（8~12周龄）

参考配方：玉米38%、高粱12.6%、小麦15%、木薯5%、豆粕23.4%、米糠粕2%、细石粉1.7%、磷酸氢钙0.3%、专用预混料2%。

4. 后备鸭阶段（13~25周龄）

参考配方：玉米11.6%、高粱20%、小麦17%、木薯5%、豆粕27.2%、米糠粕15.4%、细石粉1.5%、磷酸氢钙0.3%、专用预混料2%。

5. 产蛋阶段（26周龄后）

参考配方：玉米41.6%、豆粕20%、高粱10%、小麦10%、细石粉5.5%、玉米蛋白粉4%、膨化大豆3%、粗石粉3%、专用预混料2%、磷酸氢钙0.9%。

思考题

1. 什么是鸭的营养需求量？
2. 请列表说明不同类型鸭的饲养标准。
3. 如何配制嘉积鸭肉鸭育成阶段的日粮？
4. 肉鸭、蛋鸭雏鸭阶段的能量需要量有何区别？

第五章　鸭的养殖模式

本章提要与学习指导

本章主要介绍了鸭的不同养殖模式，学习时要求掌握地面平养、网床平养、笼养和混养模式的各自特点，能根据实际条件灵活应用。

第一节　地面平养

地面平养就是在简易的饲养大棚内用水泥或砖铺平地面，然后铺设一定厚度的垫料，摆放水槽、料槽，使肉鸭直接在垫料上活动、采食、饮水等。垫料可选用稻壳、稻草、麦秸、锯木屑、花生壳等。

优点：投入成本和技术要求都比较低，简单易行。

存在的问题和不足：鸭直接接触粪便等，与病原体接触机会多，易患病。垫料容易被污染，要勤更换，废弃垫料容易对周围环境造成污染。

第二节　网床平养

网床平养是在离地面60厘米左右的高度建造一个架床，然后铺上塑料平网，使肉鸭全程在网上活动，排泄物通过网眼漏到地面上，再进行人工收集清理。塑料平网的网眼边长约15毫米，既可以使粪便漏下，又能给鸭掌足够的支撑力。

一般在鸭舍纵向上分两个大栏，中间留1米左右的通道，通道两侧用塑料平网扎起高约45厘米的网壁，防止鸭从网床上掉到地面。每个大栏可用塑料网隔成几个小栏，隔网高度同样在45厘米左右。在我国南方常就地取材，使用毛竹、木材等在水塘上架设网床，既可减少成本，又可减少土地占用面积。为了减少人工投入，可再安装自动喂料和饮水系统。这是现阶段我国肉鸭养殖推广应用中较为普遍的一种养殖模式。

优点：可将鸭与粪污隔离，鸭的发病概率降低，提高了成活率。鸭离地面较高，舍内空气比较通畅，养殖环境总体较好。可适当增加养殖密度，从而增加养殖户的养殖效益。无垫料，节省了垫料成本和人工投入。鸭采食洁净的水、料，发病少，用药少，鸭肉品质得到了提高。

存在的问题和不足：需要架设塑料平网，总体成本高于地面平养模式。一批鸭出栏后，需要刷网、清理、消毒，若冲刷不净、消毒不彻底，也会成为下一批肉鸭的患病隐患。大量的粪污和冲刷污水会严重污染周边环境。

第三节　笼　养

笼养是将鸭饲养在笼子里，目前单层笼养居多，也可采用两层重叠式或半阶梯式笼养。笼具可用金属或竹木制成，长、宽、高一般是2米、1米、0.25米，底板网眼边长15毫米。立体多层饲养时，两层笼架之间应相隔60厘米作为管理走廊，便于人工操作，每层笼下放置一层接粪板。食槽置于笼外，水线从笼中横向穿过。

优点：笼养完全在人工控制下，受外界影响小，可有效预防一些传染病和寄生虫病。另外，笼养鸭采食均匀，运动少能量消耗也少，出栏时间可缩短到60天左右，节省10%左右的饲料成本。笼养可采用机械化设备，降低劳动强度。

存在的问题和不足：笼养肉鸭由于活动范围小，活动受到限制，不能自由觅食。容易出现一些疾病，如因缺钙、磷等微量元素，导致站立不稳，甚至瘫痪死亡。

第四节　混养模式

鱼鸭混养、林鸭混养和稻鸭混养等混养模式在小范围内得到了应用，且解决了鸭的粪便处理问题，具有一定的生态效应。

鱼鸭混养是指在南方水资源丰富的地方，鸭舍建成开放式，在鸭舍和水塘之间建一个运动场，鸭粪便排入水中可以充当鱼的部分饵料，促进水中浮游植物的生长。但由于粪便形成的氨气对鱼来说为有害物质，鱼鸭混养要严格控制鸭的养殖密度。

林鸭混养是指在林中放牧肉鸭，肉鸭可以采食林下的昆虫、青草、腐殖质等，节省饲料成本，粪便排在林下，也可作为林木的养分。但这种混养模式，要考虑林地的承载能力。过量养殖会破坏生态平衡，粪便不能得到及时处理也会造成污染。

稻鸭混养是一种种养结合的绿色生态技术，雏鸭出壳后10天左右就可以放入稻田中饲养，鸭可以帮助消灭稻田中的杂草和害虫，稻田可为鸭提供饲料和水分。稻鸭共育能降低水稻种植成本和养鸭成本，并且能提高水稻和鸭产品的品质，同时还能减少环境污染，经济效益和社会效益显著。

思考题

1. 什么是地面平养？
2. 笼养的主要特点是什么？
3. 混养模式主要有哪几种？

第六章 鸭的繁殖技术

本章提要与学习指导

本章主要介绍种鸭的选择方法、配种年龄、配种比例、品系配套模式和繁育体系等内容。学习时要求了解鸭的生殖系统，掌握种鸭选择方法、配种年龄、配种比例，以及二系配套、三系配套、四系配套制种技术。

第一节 鸭的生殖系统

一、公鸭生殖系统

公鸭的生殖器官主要包括睾丸、附睾、输精管和阴茎。

1. 睾丸

公鸭有左右对称的两个睾丸，是产生精子的器官。睾丸呈不规则的圆筒形，由短的睾丸系膜悬吊于腹腔中线，突向后方。

2. 附睾

附睾小而不明显，是精子进入输精管的通道。

3. 输精管

输精管是与附睾末梢相接的一对排出管，呈极端旋卷状。输精管在骨盆部伸直一段距离后，形成略微膨大的圆锥形体，用来存贮精子。

4. 阴茎

阴茎是公鸭交配和射精的器官。

二、母鸭的生殖系统

母鸭生殖器官有卵巢和输卵管。仅左侧发育正常，右侧生殖器官在早期个体发育过程中停止发育，并逐渐退化掉。

1. 卵巢

卵巢悬吊于腹腔内。

2. 输卵管

输卵管长而弯曲，起自卵巢正后方，包括漏斗部、膨大部、峡部、子宫部、阴道部。

第二节　种鸭选择

一、肉用型种鸭选择

1. 种公鸭

选择体型大，身子长，颈粗，背直而宽，胸骨正直，体躯呈长方形，背与地面呈水平状，尾稍上翘，腿的位置近于体躯中央，站立雄壮稳健，阴茎发育良好，性羽发达而明显的公鸭。

2. 种母鸭

选择头大而宽圆，喙宽而直，颈粗、中等长，胸部丰满向前突出，背长而宽，腹部深，脚粗而稍短，两脚间距宽的母鸭。

二、蛋用型种鸭选择

1. 种公鸭

选择体型大，身子长，头大颈粗，羽毛紧密、光泽度好，喙、蹼颜色鲜艳而柔和，蹼大而厚，脚粗而略长，两脚距离宽，站立稳健有力，性器官发育良好，性欲旺盛，行动矫健灵活的公鸭。

2. 种母鸭

要根据“一紧、二硬、三长”的特征进行选择。所谓“一紧”，即羽毛细密，紧贴身体；“二硬”即肋骨硬而圆，龙骨突硬而突出；“三长”即嘴长、颈长和身长，再加上眼睛突出有神，这种母鸭较易获取食物。颈长而细，是高产蛋鸭的特征。选种时要注意，身长，腹部方正，臀部丰满并略下垂的母鸭，说明其生殖器官发育良好，产蛋多。选择高产母鸭，还要触摸腹部，测量耻骨间的距离。高产鸭腹部柔软，泄殖腔大而湿润，耻骨薄而柔软，并有弹性。耻骨间距离宽，起码可以并排容纳4根手指；耻骨与龙骨突间距离，起码可以并排容纳5根手指。低产鸭腹部绷紧，皮肤粗糙有皱褶，触摸时没有弹性和温暖的感觉。

第三节　选　配

一、配种年龄及配种比例

蛋用型公鸭性成熟较早，但初配年龄不宜过早，一般5月龄以上开始配种，用至500日龄后淘汰；肉用型公鸭性成熟较晚，6月龄以上开始初配，1周岁后淘汰。

大群自然交配时，各种鸭的公母配种比例为蛋鸭1：20~1：25，肉蛋兼用型鸭1：15~1：20，肉鸭1：5~1：8。

二、配种方法

1. 自然配种

根据母鸭只数、配种性比例及其他因素确定公鸭只数，在母鸭产蛋前一个月左右，将公母鸭混合饲养。种鸭群的大小视鸭舍容量或当地放牧条件，从几百只到上千只不等。大群配种一般受精率高，尤其放牧鸭群受精率更高。

2. 人工授精

人工授精是当代养殖业的一项先进繁殖技术，可以提高优良种公鸭的利用率，提高种蛋的受精率和孵化率，提高母鸭所占比例，使原来的公母配种比例缩小2~3倍，从而节省大量的饲料；充分利用优良种公鸭的配种能力和使用年限；预防生殖器官传染病；当品种间杂交时，可以克服因体格大小悬殊而影响交配的困难。

（1）采精

采精时应用背腹式按摩法，最好是两人进行，助手用双手抓住公鸭的两腿，使头朝里，尾朝外。采精人员左手掌心向下，大拇指和其余四指分开稍弯曲，手掌面紧贴公鸭的背部，从翅膀的基部向尾部方向由上往下反复有节奏地进行按摩。按摩时左手稍带挤压尾根处，同时用右手有节奏地按摩腹部后面的柔软处，并逐渐按摩和挤压泄殖腔，挤压半分钟，阴茎会隆起，翻出，射精。此时，右手拇指与食指继续捏紧泄殖腔两侧，左手停止按摩，用采集杯接精液。

采精公鸭应与母鸭隔离饲养，采精时间应固定，不要轻易更改。由于早晨的性反应较好，以在早上放水之前开始采精为宜。由于品种、个体的不同，连续采精的时间不同，一般连续采集

3天后应休息1天。采精前4小时应停水停料，以减少粪尿对精液的污染，按摩时用力不能过猛，否则易引起生殖器官的出血，污染精液。

采集后，精液不要暴露在日光下和放置在温度高的地方，其保存温度以10~15摄氏度为好。在0.5~1小时内输完精液，输精前应将精液稀释，稀释液种类很多，常用的是下面3种：

①谷氨酸钠2克，柠檬酸钠0.57克，葡萄糖0.5克，蒸馏水100毫升，青霉素、链霉素各5万单位。

②柠檬酸钠3克、蛋黄10克、蒸馏水100毫升。

③氯化钠0.65克、氯化钾0.02克、氯化钙0.02克、蒸馏水100毫升。

（2）输精

鸭每隔5~6天输精1次，精液稀释2~4倍，每次输精量为0.1毫升。宜在上午10~12时进行输精，输精时，一人坐于凳上，以左右手的拇指和食指各握母鸭一只腿，其余三指伸直，在泄殖腔两侧压迫腹部。另一人用右手执吸取了精液的注射器，左手在泄殖腔向下稍加压力，泄殖腔翻出两孔后将注射器插入鸭体左侧开口内约5厘米处，将精液慢慢注入，握者配合慢慢松手，拔出授精器后，将母鸭轻轻放在地上。

第四节　鸭的繁育体系

20世纪80年代以来，我国养鸭业的生产技术水平有了很大提高，特别是大型肉用仔鸭已普遍采用品系杂交配套系生产，并已初步建立起鸭的良种繁育体系。

一、品系配套模式

根据杂种平均值高低组织配套制种，用于生产，按参与杂交制种品系数量分为以下几种。

1. 二系配套

两个品系杂交，子一代用于生产，其配套制种模式如下图。

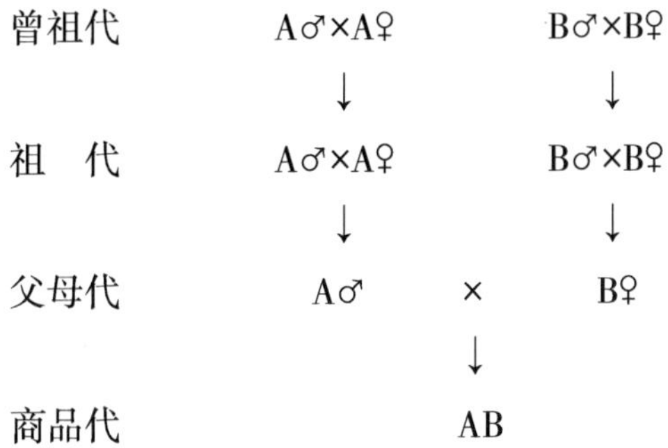

2. 三系配套

先用两系杂交，其杂种一代再与第三品系的公鸭杂交。此制种模式和二系配套比较，可利用遗传力低的繁殖性状的杂种优势，以提高繁殖力，其配套制种模式如下图。

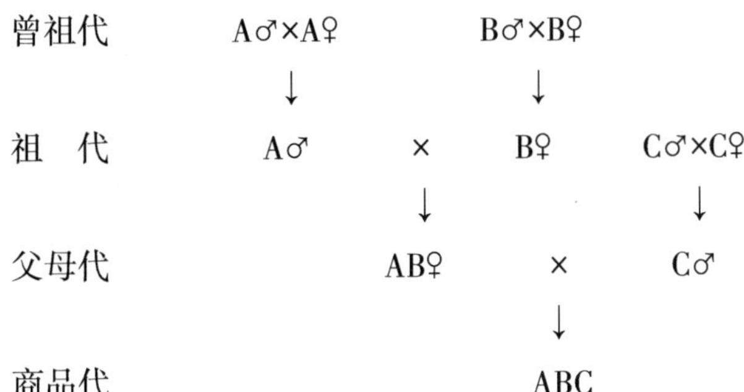

3. 四系配套

四个品系两两杂交，生产的杂交种之间又杂交配套生产，此法又称双杂交，如下图。

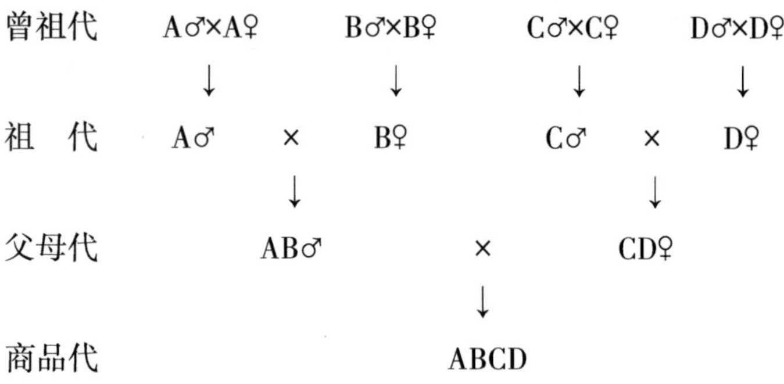

二、鸭的育种和制种

家禽繁育体系包括育种和制种两大部分。育种部分由育种场、品种资源场和配合力测定站组成，承担纯系培育和品系配套任务。制种部分由原种场、祖代场、父母代场和孵化场组成，担负两次（三系或四系配套）或一次（两系配套）的制种任务，为商品禽场的生产提供充足的高产商品杂交禽。当前养禽业发达的国家用于生产的商品杂交禽有的已达90%以上，所以建立完善的家禽繁育体系，已成为发展现代化养禽业的核心问题。现代商品鸭的繁育体系，见下图。

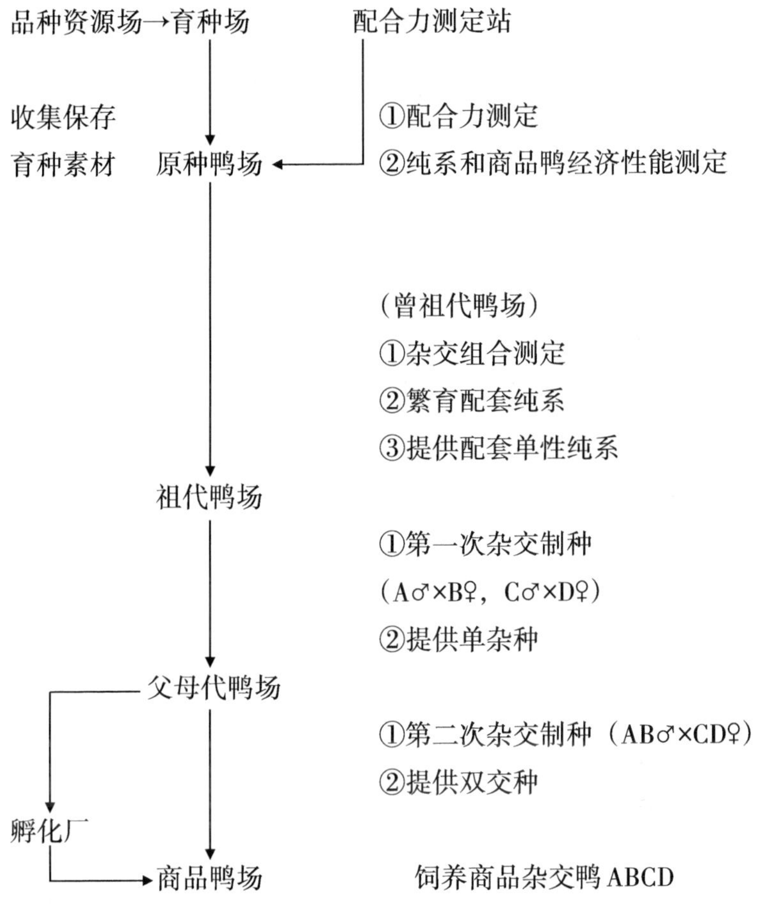

思考题

1. 公鸭的生殖系统包括什么？

2. 母鸭的生殖系统由什么组成？

3. 大群自然交配时，蛋用型、肉蛋兼用型、肉用型的公母配比分别是多少？

4. 品种配套模式有哪几种？

第七章　鸭蛋孵化技术

本章提要与学习指导

本章主要介绍种蛋的人工孵化方法。学习时要求了解蛋的构造，掌握种蛋的收集、选择、消毒、保存方法，人工孵化条件，机器孵化方法，传统孵化方法。

第一节　蛋的构造

禽蛋由蛋壳、壳膜、气室、卵白、卵黄、系带、胚珠或胚盘等部分组成。

1. 蛋壳

蛋壳是蛋最外层的石灰质硬壳。蛋壳上的气孔是孵化过程中胚胎进行气体交换的重要通道。

2. 壳膜

壳膜分内外两层，内层包围卵白，外层紧贴于蛋壳的内表面。内外壳膜上均有气孔。

3. 气室

蛋产出体外后，由于外界的气温低于体内温度，蛋的内容物发生收缩，蛋的钝端（大头）内、外壳膜分离而成的空隙叫气室。种蛋保存时间愈长，蛋内水分散失愈多，气室随之增大。因此，可根据气室的大小来鉴别蛋的新鲜程度。

4. 卵白

随着保存时间的延长，卵白会逐渐变稀。因此卵白的黏稠度也可用来判断蛋的新鲜程度。

5. 卵黄

卵黄由卵黄膜包围。把煮熟的卵黄切开，可见卵黄由黄卵黄和白卵黄交替或呈同心圆的环状排列。深浅卵黄层的形成是家禽昼夜代谢率不同所致。日粮中叶黄素和类胡萝卜素含量高或多放牧的家禽，深浅卵黄层次明显。母禽在连产中生的蛋，深浅卵黄层为6层。产蛋较少时，卵黄的层次增加。

6. 系带

系带起着固定卵黄位置的作用，使卵黄始终位于蛋的中央，不与壳膜相连，保证胚胎正常生长发育。

7. 胚珠或胚盘

卵黄表面有一个白色的小圆点称为“胚珠”。受精卵经过卵裂而形成中央透明周围较暗的胚盘。由于胚珠或胚盘比重比卵黄轻，所以总浮在卵黄的表面。

第二节　种蛋的收集和选择

一、种蛋收集

鸭产蛋时间在后半夜，尤其集中在黎明前。种蛋产出后，要及时从鸭舍中收集起来，这样不仅可以减少破损，也可以保持种蛋清洁，提高种蛋合格率和孵化率。

二、种蛋选择

种蛋质量的优劣，对孵化率和雏鸭的质量都有很大影响，因此要对种蛋进行严格的挑选。

1. 种蛋来源

种蛋应来源于遗传性状稳定、生产性能优良、繁殖力较高、未感染过传染性疾病的健康种鸭。

2. 新鲜程度

种蛋保存时间越短，孵化率越高。一般以母鸭生下1周内为合适，以3~5天为最好。

3. 种蛋的形状和大小

蛋形应正常，大小应适中，应符合品种要求。凡过大、过小、过圆、过长的蛋不做种蛋。普通鸭的蛋形指数一般在1.36~1.42，瘤头鸭的蛋形指数一般在1.37~1.42。

4. 蛋壳的结构

蛋壳要致密均匀，蛋壳过薄、壳面粗糙的“沙皮蛋”，蛋壳过于坚硬的“钢皮蛋”都不可用于孵化。

5. 蛋壳清洁度及颜色

种蛋蛋壳上不应有粪便、泥土、蛋液等污染物，否则会影响孵化率。蛋壳颜色则应符合品种要求，如北京鸭蛋壳应为乳白色，金定鸭蛋壳应为青绿色。

第三节　种蛋的消毒和保存

一、种蛋消毒

种蛋产出后，蛋壳表面很容易被细菌污染，而且某些细菌会通过蛋壳上的气孔侵入蛋内。因此，种蛋收集后应及时消毒，然后再送入贮蛋库中存放。种蛋消毒有以下两种方法。

1. 福尔马林熏蒸消毒法

每立方米的空间用30毫升40%的福尔马林溶液、15克高锰酸钾熏蒸20~30分钟，熏蒸时整个消毒柜要封闭起来。熏蒸后迅速打开柜门将气体排出。这种方法对外表清洁的蛋消毒效果较好，对那些外表粘有粪便或其他污垢的蛋效果不是很好。

2. 苯扎溴铵消毒法

将种蛋排列在蛋架上，用喷雾器将0.1%的苯扎溴铵溶液喷在蛋的表面。在消毒时，切忌与肥皂、碘、高锰酸钾和碱并用，以免药液失效。

二、种蛋的保存

种蛋应保存在适宜的房舍内，保存种蛋的环境温度为12~15摄氏度。温度高于23.9摄氏度时，胚胎会缓慢发育，促使胚胎衰老、死亡；温度低于0摄氏度时，种蛋因受冻而失去孵化能力。种蛋库的湿度以70%~80%为宜，湿度小则蛋内水分蒸发快；湿度过高，种蛋容易变质发霉，影响孵化效果。种蛋的保存时间与孵化率成反比，保存的时间越长孵化率越低。生产中种蛋保存以7天以内为宜，条件允许时，种蛋越早入孵越好。种蛋在保存期间，应钝端向上，锐端向下。保存的种蛋，不宜洗涤，因为洗涤会破坏蛋壳胶护膜，微生物容易侵入，使种蛋变质。

第四节　孵化条件及孵化方法

一、孵化条件

（一）温度

温度是机体生存的重要条件，只有在适宜的温度下才能保证鸭胚胎正常的物质代谢和生长发育。温度过高、过低都会影响胚胎的发育，严重时造成胚胎死亡。孵化最适宜的温度为37.8摄氏度（初期）、37.2摄氏度（末期）。正确地掌握温度是提高孵化率的首要条件。

（二）湿度

湿度对鸭的胚胎发育有很大的作用。在整个孵化期要求相对湿度为55%~65%，出雏时可提高到69%~73%。湿度偏低，蛋内水分蒸发加快，影响代谢，不利于胚胎发育；湿度过高，雏鸭体重大，绒毛长，体弱。

（三）通风

鸭胚胎在生长发育过程中，不断吸收氧气和排出二氧化碳。为保持胚胎正常的气体代谢，必须供给新鲜空气。孵化器内的二氧化碳含量不得超过0.5%，否则胚胎发育迟缓，死亡率高，出现胎位不正或畸形等现象。在保持正常温度、湿度的基础上，通气愈畅通愈佳。

（四）翻蛋

翻蛋的目的是使胚胎各部受热均匀，避免与蛋壳相连，利于胚胎活动，保证胎位正常，提高孵化率。从入蛋第一天起，就要每天定时翻蛋，在翻蛋的同时可检查孵化效果。孵化器有半自动或自动翻蛋功能，可根据需要定时翻蛋，一般每昼夜可翻蛋6~12次，每次翻蛋角度以90度为宜。

（五）凉蛋

孵化至中后期，胚胎的物质代谢产生大量的热，必须向外排出过剩的热量，增加空气量，促进机体代谢，增强血液循环和胚胎调节体温的能力，从而提高孵化率。凉蛋的方法有很多，小孵化器孵化时，每天打开机门2次，对已经孵化18~24天以后的蛋，将蛋盘从架上抽出1/3进行凉蛋，凉蛋时间以蛋温降至32~35摄氏度为佳；大孵化器凉蛋一般是关闭电热源，开风扇降温；传统孵化法是通过掀去覆盖物或在蛋面上喷水等方法进行凉蛋。

（六）影响孵化率的主要因素

除孵化条件直接影响孵化率外，还有很多因素与孵化率有关。如刚开产或老龄种鸭的蛋孵化率低；种鸭饲料营养缺乏、种鸭健康状况不佳、蛋畸形、胚胎胎位不正，以及遗传因素（近交）等。

二、孵化方法

（一）机器孵化法

孵化机具有保温性能好、孵化量大、孵化效果好、易于操作管理等优点，可大大提高劳动生产率，降低劳动成本。其操作程序如下。

1. 孵化前的准备

在正式入孵之前，先熟悉和掌握孵化器的性能，检查孵化器的运转情况，并进行消毒和测试温度等工作。为防止临时停电，应备有专门的发电机，同时也应备有易损的电子元件、电动机等配件。

2. 入孵

将种蛋逐个钝端向上排列在蛋架上，同时在种蛋上标注上日期或批次等，以便于孵化过程中的操作管理。入孵时间最好安排在下午4时以后，这样大批鸭出壳时间正好在白天，便于工作的安排。

3. 照检

在孵化过程中应对入孵种蛋进行3次照检。第1次照检在孵化的第7~9天，此次照检的目的是剔除无精蛋和血圈蛋。如发现种蛋的受精率较低，应及时调整公鸭和改善种鸭的饲养管理。第

2次照检在孵化的第13~14天，此次照检可将死胚蛋和漏检的无精蛋剔除，如此时尿囊膜在蛋的锐端“合拢”，表明胚胎发育正常，孵化条件的控制适宜。第3次照检可结合转盘或上摊床进行。

照检可用照蛋器进行。常用的照蛋器有两种：一种是手提式，可直接在蛋盘上逐个照检；另一种为座式，需将种蛋取于手中，以蛋的钝端对准照蛋孔逐个照检。

4. 移盘（落盘）

鸭蛋在孵化到第25天时，将胚蛋转入出雏器，平放于出雏盘中继续孵化，叫“移盘”。移盘时如发现胚胎发育普遍较迟，应推迟移盘时间。移盘后应注意提高出雏器内的相对湿度和增大通风量。

5. 出雏

在孵化条件适宜的情况下，鸭蛋孵化到第27.5天开始破壳出雏，进入第28天后，则大量出雏。出雏期间不应经常打开机门，以免降低出雏器内的温度和湿度。一般2~3小时拣雏一次，出壳的雏鸭绒毛干后应及时取出，将空蛋壳拣出有利于其他胚蛋继续出雏。在出雏的末期，对已啄壳但无力破壳的蛋，可进行人工破壳助产，但一定要在尿囊枯萎的情况下进行，否则容易引起大量出血，造成雏鸭死亡。出雏完毕后，应及时清洗和消毒出雏器、水盘、出雏盘等用具。

（二）嘌蛋

嘌蛋是将近期要出雏的胚蛋运输到另一个地方出雏。这是我国独有的人工孵化技术。它比运输雏鸭更为方便。

1. 嘌蛋的方法

经照检后，将孵化20天以后的鸭蛋，装在厚铺稻草的竹篮里，每篮装200个左右，天气冷时应上盖棉被。启运日期应根据路程而定，以出雏前到达目的地为原则。

2. 嘌蛋途中的管理

在运输途中应注意防雨，注意减少颠簸震荡，定时翻蛋，上下调换位置，以防底层种蛋过热。

总之，嘌蛋主要应注意保温、散热和防止蛋被打破，运蛋到达目的地后应立即照检，将死胚蛋剔出，然后继续孵化，等待出雏。但也有根据胎龄，在途中出雏，到达目的地时全部出完的操作。

第五节　初生小鸭的雌雄鉴别技术

一、翻肛法

用左手握住雏鸭，将雏鸭颈部夹在中指和无名指之间，两脚夹在无名指和小指之间，轻轻用手握牢，然后用左手拇指压住脐部，稍稍用力排出胎粪后，再用右手拇指和食指拨开肛门，使其外翻，如见有半粒米长的螺旋状的阴茎露出则表明是公鸭，否则为母鸭。

二、鸣管法

在颈的基部两锁骨内，气管分叉处有球状软骨，称为鸣管，是鸭的发声器官。公鸭的鸣管较大，直径3~4毫米，横圆柱形，稍偏于左侧。母鸭的鸣管较小，仅在气管的分叉处。触摸时，左手大拇指和食指抬起鸭头部，右手从腹部握住雏鸭，食指触摸颈的基部，如有直径3~4毫米大的突起则为公鸭。

思考题

1. 哪些蛋不能作种蛋?
2. 怎样用福尔马林熏蒸消毒种蛋?
3. 鸭蛋孵化、出雏的适当温度、湿度各是多少?
4. 种蛋孵化过程中为什么要通风换气和翻蛋?

第八章　肉用型鸭的饲养管理

本章提要与学习指导

本章主要介绍肉用型鸭各生长阶段的饲养管理。学习时要求了解雏鸭、育成鸭、育肥鸭、放牧鸭和鱼鸭混养的饲养管理技术要点。

第一节　雏鸭的饲养管理

雏鸭自我生存能力较低，完全靠养殖者创造条件来满足其生理需要。如果饲养管理不当，死亡率会很高，导致养殖的失败。

一、育雏前的准备工作

①进雏前，清扫干净鸭舍并进行消毒，保持鸭舍通风干燥。

②进雏前2天，准备好育雏所用的工具、饲料、药物、疫苗、记录表等，避免进雏后频繁外出。

③进雏前1天，鸭舍温度应达到30~31摄氏度。

④雏鸭到达前30分钟，要把凉开水、多种维生素、开口药事先加到饮水器中去。小鸭喝到的水应和舍温相近，这可以避免雏鸭腹泻。

二、开口

1. 开饮方法

用食指与中指轻轻卡住鸭的脖子让雏鸭在水里砸吧几下，教雏鸭认水。初次饮水时间不要超过1小时。雏鸭休息片刻后，隔半小时要轰赶小鸭，让其喝到足够的水。开饮1小时后，根据鸭群情况，将雏鸭专用料均匀地撒到开食塑料布（盘）上，将雏鸭全部赶到塑料布（盘）上采食。

2. 弱雏饲养方法

喂料时挑出弱鸭、不采食的鸭，放入残鸭栏，人工助饮并喂料。在残鸭栏饮水器中添加多种维生素、黄芪多糖等抗菌药物。

3. 注意事项

第一是拌料松软度以用手握紧成团，松开后轻揉即散的状态为最佳。第二是确保每只雏鸭都吃上料。

三、温度

鸭室温度一般根据鸭日龄进行调整。1~3日龄，鸭室温度为28~30摄氏度；4~6日龄，鸭室温度为26~28摄氏度；7~10日龄，鸭室温度为24~26摄氏度。随着日龄的增加，室温可逐渐下降，4周龄时可以常温饲养，但温度一定要平稳，切忌忽冷忽热。

四、湿度

育雏前期，室内温度较高，水分蒸发快，此时相对湿度要高一些。如空气中湿度过低，雏鸭容易出现脚趾干瘪、精神不振等轻度脱水症状，影响健康和生长。所以，1周龄以内育雏室的相对湿度应保持60%~70%，2周龄起维持在50%~55%即可。

五、饲养密度和转群

饲养密度应根据雏鸭的日龄、季节和环境条件等灵活掌握。密度过大，鸭群拥挤，采食、饮水不均，影响生长发育，鸭群发育整齐度差，且易造成鸭传染性浆膜炎等疾病的传播，死淘率增高。密度过小，房舍设备利用率低，生产成本较高。建议饲养密度如下。

网床平养：1周龄每平方米40~50只，2周龄每平方米20~25只，3周龄每平方米10~15只。

地面平养：1周龄每平方米20~25只，2周龄每平方米10~15只，3周龄每平方米6~10只。

随鸭的日龄增加，要逐渐降低饲养密度，逐步扩群。分群时要适当控食，避免鸭应激。转群前应停料2~3小时，否则易造成鸭损伤。同时应注意强弱分群饲养，每群200只左右，群体过大则不便管理。

六、通风换气

鸭舍可采用自然通风和强制通风，但一定要在保证温度的前提下进行通风换气。

打开门窗、通风口等自然通风方法效果差，但成本低，适用于房舍较小的育雏室。

强制通风是利用通风设备来进行通风，通风效果佳，但投资较大，适用于房舍较大的育雏室。

七、光照

刚出壳的雏鸭宜接受较强的连续光照，以便尽快熟悉环境，及时学会饮水和采食。光照时间大体如下：1日龄，光照24小时；2~7日龄，每天减少1小时；8~9日龄，每天减少2小时。5~10日龄以后，夜间用弱光，以能看见采食、饮水为宜。

八、卫生

①要保证饲料和饮用水的卫生，特别要注意饲料在存放过程中避免被鼠、鸟盗食，避免发霉变质。水要用凉开水、深井水或经过消毒处理的水。

②饮水器具高度、大小要适宜，并保持清洁。水线和鸭头高度一致，料线和鸭背部高度一致。

③垫料要及时添加与更换，保证舍内舒适。垫料要求清洁、干燥、未霉变。

④舍内不能有蛛网，墙上不能有灰尘，灯泡、灯管要擦干净。

⑤饲养人员要勤洗澡，出入鸭舍要更衣换鞋。

⑥不能在鸭舍周围乱放污物、乱埋死鸭，解剖病死鸭要远离鸭舍。

九、生产记录

饲料消耗、药物应用、群鸭数量、生长增重、疾病发生、死亡淘汰数等数据的记录很有必要，这样可根据记录了解鸭群的生产性能，进而改善饲养管理方式。可通过抽检部分鸭，推测鸭群的生长情况，评价在现有饲养水平下鸭的生产性能。

第二节　育成鸭的饲养管理

这个时期鸭的骨骼和肌肉生长旺盛，消化机能已经健全，采食量大大增加，体重增加很快。在饲养管理上，要抓住这一特点，使鸭迅速达到上市的体重要求。

一、过渡期的饲养

1. 温度

进入育成期，雏鸭羽毛已基本覆盖全身，抗寒能力增强，除寒冷季节外，鸭舍一般不需要额外使用加热设备。但当室外温度与室内温度相差5摄氏度以上时，会引起鸭患感冒或其他疾病，因此在寒冷季节转群时，应适当增温。

2. 空腹转舍

转群前8小时停止喂食，等鸭空腹后方可转出，但停食时不能停水。

3. 防止应激

在转群前1天和转群后3天，要在饲料中加入多种维生素或抗应激电解质，以防止转群时造成的应激。

二、更换饲料

从雏鸭舍转入育成舍的前3~5天，要将雏鸭饲料逐渐调换成育成料，换料的过程不能太突然，否则容易引起鸭的不适应或造成鸭消化系统障碍，从而影响鸭的生长速度。

在生产中，一般采取的换料方法是：换料的第1天在雏鸭料里混入30%的育成料，第2天将育成料的比例加大到60%，第3天将育成料的比例加大到80%，从第4天起全部饲喂育成料。

肉鸭育成期的生长速度快、采食量大，一般提供营养浓度比较低的饲料就可以满足需求，因此育成期饲料的蛋白质含量一般在16%左右。

三、调整饲养密度

为了适应肉鸭快速生长的特点，育成期的饲养空间要迅速增加，降低单位面积的饲养密度，调整饲养密度的具体方法是根据饲养方式来确定。如果在整个饲养期均采用地面平养的方式，饲养密度可直接调整到出栏时的水平，即每平方米5~6只。同样，如果是在整个饲养期均采用网床平养的方式，育成期调整饲养密度时，可直接调整为每平方米7~8只。也可以按周龄调整饲养密度，如果是育雏期采用网床平养，育成期采用地面平养的饲养方式，饲养空间的变化会使刚下地的肉鸭到处奔跑，易造成扭伤和拐脚。受伤的鸭如果得不到及时处理，会被其他鸭踩踏致残或致死。因此对刚下地的鸭，在调整地面空间时，要有一个变化过程，先小后大，让其适应环境后再扩大饲养空间。

如果发现受伤的鸭，要及时隔离，单独饲养，等伤势恢复以后再混群饲养。在调整饲养密度时，要把鸭按大小、强弱分为几个小群。体重较小、生长缓慢的弱鸭应集中起来饲养，加强管理，使其生长发育能迅速赶上同龄鸭，避免延长饲养日龄，影响出售日期。

四、疫病防控

1. 做好消毒，防止疾病传播

应每天打扫卫生，注意保持鸭棚、鸭舍和运动场的地面干爽，垫料要经常更换，食槽、饮水器要经常洗刷。发生传染病时，要迅速隔离病鸭，病死的鸭不要到处乱丢，已被污染的地方应立即消毒。常用的消毒药物有生石灰、草木灰、烧碱、高锰酸钾等。

2. 注意鸭的动态，及早发现病情

在早晨天刚亮、中午、深夜，以及两次喂料之间，都是检查鸭的好时机。健康的鸭健壮，精神饱满，行动活泼，羽毛紧凑有光泽，两眼明亮有神，眼皮干净，食欲旺盛，粪便正常，呼吸平稳。

第三节　育肥鸭的饲养管理

一、饲养密度与饲养环境要求

此阶段，肉鸭的生长速度降低，日增重量下降，胸肌在持续性增加，皮下脂肪增加。肉鸭的采食量增加，适应性、抗病能力增强。育肥期室内肉鸭的适宜饲养密度为每平方米3只，室外运动场的适宜饲养密度为每平方米2只，环境适宜温度在13~25摄氏度之间。育肥期肉鸭最好进行分群饲养，群体大小以1000~1500只为宜。鸭舍宜用0.5米高的篱笆墙分隔，每栏面积300平方米左右。每栏提供20米长的饮水槽和足够的食槽，保证肉鸭能正常饮水和采食。

鸭舍内应保持良好的通风环境，保证空气新鲜。应采取有效措施预防疾病发生。

二、饲料品质与每日喂料量要求

育肥期肉鸭的饲料可用颗粒料或粉料。颗粒料一般采用自由采食方式饲喂，应保证料槽经常有洁净的饲料。新鲜粉料加水拌湿后定时饲喂，应坚持少喂勤添，每日最少饲喂4次。一只育肥期肉鸭的采食量每日为250~300克，饲料的能量水平应达到每千克12.12兆焦，蛋白质水平应在16.5%以上。

如果生产的肉鸭用于制作烤鸭，饲料的营养成分和粒度应根据具体情况调整，饲料配方要求高能量、低蛋白质、易消化。如果采用填饲法，饲料的粒度要小。如果饲养的鸭用于屠宰分割，应重视胸肌和腿肌重量，要求饲料含有较高的蛋白质和氨基酸。

三、光照

育肥期肉鸭一般采用24小时光照。白天自然光照，夜间弱光照，强度为5~10勒克斯，折合照明用灯泡的功率为每平方米1~2瓦。夜间弱光照有利于肉鸭自由活动、自由采食。

四、育肥期为休药期

如果在育肥期在肉鸭饲料中添加药物或药物性饲料、添加剂，会造成鸭肉产品出现药物残留问题，危害人体健康。因此，肉鸭育肥期为休药期，不允许使用任何药物及相关添加剂。

第四节　放牧鸭的饲养管理

一、生产特点

（一）节约饲料

饲养者每日视鸭的自由采食情况适当补料。在放牧条件好的情况下，每只上市仔鸭仅耗饲料1斤左右。

（二）投资少，成本低

放牧鸭群不需要固定场舍和舍内饲养设备，仅需投资购买鸭苗及补喂的饲料。

二、放牧技术

（一）育雏营地的设置

育雏营地是雏鸭喂饲、放牧、休息的地方。雏鸭无体力远行，要设立比较固定的育雏营地。

1. 育雏营地的选择

①要选择在溪渠的弯道处，这样的地方水流平缓，水面也较宽阔，便于设立陆围。

②设营地处的溪渠岸边的坡度愈平坦愈好。

③营地附近的水稻田中的天然动物性饲料要丰富。

2. 育雏营地的布置

（1）水围

水围由水面和给料场两部分组成，其主要是白天供雏鸭休息、避暑、进食。给料场的地面铺干净的干燥晒席或塑料薄膜，饲料放在晒席或塑料薄膜上。

（2）陆围

陆围供雏鸭过夜用，应选择在地势较高且平坦的地方设置，距水围愈近愈好。周围用高约50厘米的竹编成方眼围篱。

（3）棚子

棚子是放牧人员煮饭、休息的地方，要紧接陆围设置。棚口对着陆围，以便夜间观察鸭的情况。

（二）雏鸭的饲养管理

1. 饲料

雏鸭饲料为半熟的籼米饭或全价雏鸭配合饲料和稻田中天然动植物食物。米饭在喂前要用清水淘洗一次，这样可将残余的种皮淘去，以免雏鸭吃了不消化，吃起来也更“爽口”。

2. 喂食方法和次数

在水围内的给料场上给雏鸭喂料，撒料之前要把给料场上的泥沙、鸭粪等清洗干净，然后才将饲料均匀地撒在上面。一次不要放过多饲料，要随吃随撒，这样可保持饲料的清洁和新鲜，鸭才喜欢吃，吃得饱。每日撒料的次数随雏鸭的日龄增加而减少。一般，第1周每日5~6次，第2周4~5次，第3周3~4次。

育雏是以给饲为主，以放牧为辅。每次从水围赶出到稻田放牧之前要先喂料，应喂至大半成饱。如果放牧之前不喂料，雏鸭处于饥饿状态，一到田中，就会饥不择食，若啄食了泥沙就会生病。同时，放牧前不喂料，雏鸭也无体力游泳。

3. 放牧时间和次数

雏鸭最忌暑热，因此，每日放牧时间和次数都要依据当天的气温和田水温度来决定。一般雏鸭放牧都是在早晨和下午比较凉爽的时候进行，在气温高的时候把雏鸭关在水围内避热和休息。每次放牧时间一般是2~3小时，随着雏鸭日龄的增加而延长放牧时间。

4. 雏鸭的过夜管理

（1）围内赶鸭，干燥羽毛

每天把放牧的雏鸭群收入陆围后，不要马上让雏鸭卧地休息，而要在围内反复驱赶雏鸭，使其羽毛干燥，避免过夜受凉。掌握赶鸭的时长主要用人的眼皮试鸭嘴部的温度，鸭嘴温度到了烫眼皮的程度就可以了。

（2）围内分隔，防止挤压

陆围鸭无棚遮盖，在过夜时，特别是有风雨的夜晚，应防止雏鸭受挤压。所以，把雏鸭关进陆围后，要用活动的竹篱笆把陆围隔成小间，每个小间关雏鸭20~25只。这样就把一大群雏鸭分成了许多小群，不仅解决了挤压问题，又可使雏鸭相互取暖，这种晚上围内分隔的做法一般要到40日龄左右才取消。

（3）夜间巡视，防止敌害

晚间必须有人观察雏鸭过夜的动态，每隔2~3小时要把间隔内的雏鸭拨动一次，以防挤压。鸭群有骚动要及时查看。

（4）勤晒垫草，保持干燥

雏鸭过夜的陆围内要垫上干草，垫草要经常翻晒，保持干燥。太脏或潮湿的垫草要换掉，另加新垫草。潮湿的垫草会使雏鸭受凉，发生疾病。

（三）肉用仔鸭生长—育肥期的放牧

1. 根据鸭群的活动规律，保持放牧的节奏

放牧鸭群在一天中有一定的生活规律。春末到秋初季节的一天中会出现3~4次采食高潮，也会交替出现3~4次集中休息和浮游。清晨开始放牧的头1个小时内主要是浮游，接着是采食高潮，然后休息浮游，上午9~10时又采食，然后休息浮游，下午2~3时采食，接着又休息浮游，傍晚又出现采食高峰。秋后至初春气温低，日照短，一般出现早、中、晚3次采食高潮。根据鸭群这一

生活规律，把天然饲料丰富的田留作采食，让鸭群在天然饲料较差的田中休息浮游。鸭群经过休息，体力充沛，又处在饥饿状态，所以进入天然饲料丰富的田里，会立即低头采食，对饲料选择性低，能在短时间内吃饱。这样既充分利用了野生饲料资源，又有利于鸭对饲料的消化吸收，仔鸭容易上膘。如果不控制放牧鸭群的采食和休息时间，让其整天在放牧田里东奔西跑，鸭终日处于半饱状态，得不到休息，既消耗体力，又影响增重，也不能充分利用天然饲料资源，这是群鸭放牧工作的大忌。

2. 放牧鸭群的控制

鸭具有高度的合群性，从育雏开始就可进行放牧训练，建立起听从放牧人员口令和放牧竿指挥的条件反射。把鸭群控制好，可避免其糟踏庄稼。

当鸭群需要转移放牧地时，先要把鸭群在田中集中，然后用放牧竿从鸭群中“拨出”10~20只走在最前面的，叫“头竿”，余下的鸭群就会跟着上路。只要头竿、二竿控制得好，鸭群就不会混乱，会很有次序地被带到预定的放牧地。在行进中放牧人员和鸭群一般要保持3.3~5米的距离，人离得太近会迫使鸭群疾走，离得太远又不易控制鸭群。回营地时，不宜让鸭群走得太快，并让其在途中尽量多采食，使鸭群能饱腹过夜。

鸭群每日出围和入围时争先恐后，常常发生踏压情况，因此，在出围和入围时要有人持放牧竿站在围篱门边，控制鸭群的出入速度。

第五节　鱼鸭混养

鱼鸭混养是利用鱼、鸭互利共生的原则进行的生态养殖方式，可以实现“饲料喂鸭，鸭粪肥鱼，一塘双用，下鱼上鸭，一料双兼，鱼蛋双收”的生态效益。

一、鱼塘条件

鱼鸭混养的鱼塘要选择在水质良好、水源充足、交通方便的地方。鱼塘长宽之比为2∶1~3∶1，鱼塘四边倾斜，塘底要平坦，可略向排水口的方向平缓倾斜，以利干塘。鱼塘面积以2亩以上为好，水深1.5~2米，鱼塘设有独立的进、排水口以及拦鱼设施。

二、鸭舍建设

鸭舍应坐北向南，选择在地势较高、阳光充足、比较干燥、坡度平缓、有利于雏鸭行走的地方。鸭舍面积按每平方米5~8只建造，鸭舍附近围一块面积是鸭舍1.5倍的地面作为活动场。饲养蛋鸭的鸭舍每4只母鸭应配备1个的产蛋箱，放置在光线较暗的墙角。

三、混养时间和密度

较小的幼龄鱼游动速度慢，往往会遭到鸭群的吞食，所以刚投放鱼苗时不要放鸭进行鱼鸭混养，要等到鱼苗长到10厘米以上时才放鸭进行鱼鸭混养。

每亩鱼塘养殖200只左右鸭。若鸭的放养密度过大，会影响水质，使鱼的产量下降，最终导致综合经济效益降低。

四、养鱼管理工作

（一）清塘消毒

鱼苗下塘前，每亩每米水深用50千克茶麸打碎泡水24小时后全塘泼洒，再将100千克生石灰化水溶解后全塘泼洒，7~10天毒性消失后可放鱼苗养殖。

（二）科学投喂

养殖前期水中的鸭粪会被鱼直接取食，可少投鱼料。为提高鱼的品质，鱼出售前1个月应停止在鱼塘养鸭，改为投料喂养。投料要做到“四定”（定时、定质、定量、定点），要投喂量足、质好、适口的饲料。

（三）塘水管理

有条件的鱼塘每10天要换水一次，排掉30厘米深的老水，灌入30厘米深的新水，保持水质相对稳定。每10天用漂白粉或生石灰全塘泼洒消毒一次。塘水pH值保持在7~8。适时开动增氧机，防止鱼类缺氧。适时投喂药饵，增强鱼体抗病能力，促进生长。

（四）日常管理

应坚持每日巡塘，观察鱼、鸭的摄食及活动情况，发现问题及时处理。残留饲料可直接扫入池中。鸭舍、运动场定时清扫，保持干净。多余的鸭粪不要扫入池中，应经堆积发酵后，再视水质情况，分批次泼洒入池，为鱼培养丰富的浮游生物。

第六节　种鸭的饲养管理

一、种鸭的选择

选择健康强壮、性器官发育健全的公鸭作为种鸭，一般种公鸭年龄要比母鸭大1~2个月，这样母鸭可以产蛋时，公鸭已达到性成熟。

注意合理的公母配比。早春气温较低时，公母配种比例为1∶8~1∶10；夏秋气温较高时，公母的配比可适当减低。

二、养好种鸭

公鸭在进食的时候，会出现争食现象，如果混养的话容易导致进食不均。因此公鸭、母鸭要分开饲养，不过也要注意避免公鸭之间互相嬉戏，出现恶癖。在配种前约3周的时候，进行公鸭、母鸭混养，如果公鸭性行为活跃的话，可以适当提早混养。

运动及洗浴能够加强种鸭的新陈代谢，并且交配多数是在水中进行，因此要延长种鸭下水和活动的时间。种鸭的交配一般在早晚进行，所以早晚将种鸭赶到水中进行洗浴是非常重要的。

三、冬季种鸭的管理

鸭舍内的适宜温度为10~20摄氏度。0摄氏度以下时，鸭的产蛋量会大幅度下降。冬季可将北面窗户用砖和泥封上，防止冷风侵袭。

四、换羽期间的饲养管理

换羽期间除最初5~10天部分或全部限制鸭群饮水和食物外，其他时间都应正常供给饲料和饮用水，尤其增加富含蛋氨酸、胱氨酸等的动物性饲料，如鱼粉、羽毛粉等，还应在日粮中增加一些维生素、常用的微量元素，特别应该适当补钙。但日粮中钙含量应比产蛋期的饲料低70%~80%，日粮中含钙约0.8%。换羽期间公母鸭分开饲养，分别加强饲养管理和防病工作。

五、优化鸭舍环境

要保持鸭舍干燥清洁，鸭舍内要注意设置好产蛋坑，坑中要铺好垫料，避免鸭蛋破碎。运动场要保持排水良好畅通，不能有积水。舍内要保持良好的通风，保证舍内的空气质量。还要及时收集种蛋，避免种蛋受潮，降低种蛋质量与孵化率。

六、加强防疫，防止应激

种鸭生活环境要相对稳定，种鸭群应谢绝外人参观，场内无关人员无必要时也不要进入鸭舍，不让其他畜禽靠近种鸭群，以防带入病菌，并进行定期检疫。饲养员喂料、拣蛋等动作要轻，防止鸭发生应激反应。

思考题

1. 1~3日龄雏鸭的鸭舍适宜温度是多少？
2. 放牧雏鸭的过夜管理要注意什么？
3. 为什么要等到鱼苗长到10厘米以上时才放鸭进行鱼鸭混养？

第九章　蛋用型鸭的饲养管理

本章提要与学习指导

本章主要介绍蛋用型鸭各饲养期的饲养管理技术，蛋用型鸭的部分饲养管理与肉用型鸭相似，因此不再重复。学习时要求了解蛋用型鸭各生长期的生长特点，掌握育雏、光照、限饲等饲养技术。

第一节　雏鸭的饲养管理

一、进雏

雏鸭应是来自检疫合格的种鸭场的健康雏鸭。应选按时出壳、眼突有神、喙爪有光泽、绒毛蓬松、活泼喜动的雏鸭。

二、雏鸭饲养

饲喂次数：1~7日龄，每天喂6次，其中白天4次、晚上2次；8~21日龄，每天5次。以后可逐渐减少次数。

饲喂时应分批分群，以每群250只为宜。饲喂原则为“由精到粗，由熟到生，由软到硬，由少到多”。

三、雏鸭管理

1. 温度

在鸭休息时及夜间，鸭舍内温度应达到：1日龄32摄氏度，2~7日龄28~31摄氏度，8~14日龄25~28摄氏度，15日龄及以后保持在20~25摄氏度。白天及鸭活动时舍内温度可比上述温度低2~3摄氏度。

应特别注意阴雨天及夜间的保温工作，注意空气流畅，无"贼风"。但是，温度计上的温度仅供参考，要注意雏鸭的表现。如果雏鸭站立、聚堆，说明温度不合适或雏鸭有病。有农户认为，雏鸭在温度低的情况下会聚堆，看见雏鸭聚堆就要给鸭舍加温。但这样做有时是错误的，因为有时在温度过高的情况下雏鸭也会聚堆，这时雏鸭会远离热源，向有风处、凉爽处、墙壁周围聚堆。温度低时的聚堆是趋向热源。仔细观察，二者不难区别。雏鸭聚堆时，应及时干预。

2. 湿度

鸭1~14日龄时，舍内相对湿度宜为65%~75%，14日龄后舍内相对湿度宜为60%~65%。育雏前期的湿度高一些为好，合适的湿度会平衡雏鸭的饮水量，雏鸭不会出现暴饮和脱水现象，对健康发育有利。合适的湿度也会很好地保持雏鸭呼吸道黏膜的完整性，降低患病概率。

3. 通风

育雏早期为了保暖，鸭舍门窗均封得很严，随着个体生长，分泌物、排泄物的增多，羽毛、皮屑的脱落，舍内的空气变得污浊，应适时通风。

4. 饲养密度

1~7日龄每平方米鸭舍饲养鸭25~30只，7~14日龄每平方米鸭舍饲养鸭20~25只，15~28日龄每平方米鸭舍饲养鸭15~20只。夏季鸭密度应适当降低，冬季应适当增加。

5. 光照

鸭1~3日龄需光照24小时，4日龄及以后每天减少人工补光0.5小时，直至自然光照。

6. 运动与戏水

5日龄后雏鸭可以调教下水，可分批分时将雏鸭慢慢赶入浅水中活动3~5分钟，然后在晴天无风时运动，每天1~2次，每次5~10分钟。1周后增加到3~4次，逐渐延长时间。水温以不低于15摄氏度为宜。下水时如果发现雏鸭发抖，应立即停止，并烘干羽毛。7日龄后，若在鸭舍内外温差超过5摄氏度时，需运动20分钟左右。

第二节　育成鸭的饲养管理

一、过渡期饲料管理

雏鸭料过渡到育成鸭料宜用5天时间，替换比例为每天20%左右。喂料应遵循少喂勤添、定时定量、控制总量的原则。

二、淘汰病弱伤残鸭

蛋鸭进入育成期后应及时淘汰病弱伤残鸭。

三、光照

蛋鸭育成期时，白天只利用自然光照，夜间以弱光照明，照明用灯泡功率在7~15瓦之间。

四、控制体重均匀度

要想培育出高产蛋鸭群，必须重视育成期的培育。育成期间每周抽取5%~10%的鸭称重一次，计算均匀度，随时调整管理方法，保证鸭群发育整齐。鸭群体重均匀度应该不低于85%，最好能达到88%~90%，绝对不能低于标准体重。

在获得良好体重均匀度的情况下，还需要体型均匀。不然，虽然体重达标了，但体型过小的鸭会出现难产、脱肛、啄肛和产小蛋现象。

鸭群性成熟时间必须一致。鸭群只有性成熟同步，才能尽快到产蛋高峰，才能有明显的产蛋高峰期，并且产蛋高峰期维持时间长。

五、疫病防控

育成期要做好高致病性鸭瘟的免疫工作，按时监测抗体水平，根据监测结果及时接种疫苗，保持鸭群的良好免疫水平，增强其抵抗力。

六、注意观察

每天观察内容包括鸭群活动状态，呼吸状态，粪便形态，排便情况，饮水、采食情况等。发现病鸭后立即送检，查明原因，及时处理。

第三节　产蛋期鸭的饲养管理

一、产蛋前期的饲养管理

①根据蛋鸭品种的不同，适时掌握开产期。开产前应驱虫。春秋两季各驱虫1次。

②从产蛋初期（100~120日龄）开始，根据产蛋率上升的趋势，不断增加饲料营养，提高粗蛋白质水平，并适当增加饲喂餐数。白天喂3次，夜间9~10时增喂1次。产蛋率达到60%后，应更换蛋鸭高峰期配合饲料，更换饲料过渡时间一般为5天，每天替换新饲料比例为20%。每只鸭日采食量应控制在150克以下。让鸭自由饮水，并保证饮用水清洁卫生。

③夏季防暑降温，冬季防寒保暖。室内相对湿度宜为60%~65%。应根据蛋鸭品种和鸭舍面积合理确定饲养密度。一般情况下每平方米8~9只。喂食、下水运动、照明等日常管理活动应保持稳定。

④改自然光照为人工补充光照。日平均光照时间应逐渐增加，增加人工光照时，每次增加1小时，每隔7天增加1次，直到每天光照时间达到16~17小时。光照时间稳定后，不得随意增减。夜晚用弱光照明。

⑤产蛋期按规定做好消毒防疫和免疫抗体监测工作，及时挑选出停产鸭、低产鸭、残次鸭。严格按规范要求使用药物，严禁添加苏丹红等，确保产品质量安全。

二、产蛋期的管理

①产蛋期初期产蛋率逐步上升，蛋重逐渐增加，鸭体还处在生长时期。此时要注意观察产蛋率、蛋重、鸭重的变化情况，及时调整营养水平，防止难产。保持鸭体重不变或稍有增加，促进产蛋率快速升到高峰，蛋重达到标准。

②产蛋期中期的任务是保持鸭长期高产、稳产。此期要保证鸭营养充足，体重不能减少。

③产蛋期后期的任务是延缓鸭产蛋率的下降速度，保证蛋壳质量。此期产蛋率下降，饲料的能量和蛋白质水平要根据蛋重、产蛋率、鸭重适当调整。发现蛋壳质量下降、蛋型变长、蛋壳变薄、蛋白变稀或有沙点，要及时查明原因，调整饲料的钙、磷比例，可补喂优质鱼肝油、钙粉等。

三、夏季的管理

夏季天气高温炎热，对鸭群的影响极其严重。蛋鸭在5~27摄氏度之间时可正常产蛋，适宜的产蛋温度是13~20摄氏度。当鸭舍环境温度高于27摄氏度时，鸭群常出现以下变化：一是体温升高，代谢缓慢，采食量减少，饮水量增加，粪便变稀；二是机体内分泌减少，蛋鸭产蛋量下降，甚至停产，并且蛋的品质差，蛋重减少，软壳蛋、破壳蛋数量增多，蛋壳变薄、色泽变浅；三是鸭群感到不适，张口呼吸，如时间过长，可诱发呼吸道疾病。

下列相关措施可更好地发挥鸭的生产性能，提高经济效益。

（一）优化鸭舍环境，加强通风降温

根据舍内空间大小加强室内通风，均匀合理地设置一定数量

的风扇。清除鸭舍前后杂草，便于通风。

鸭舍屋顶涂白可使舍温降低8~9摄氏度；用麦秸或茅草覆盖屋顶，也有很好的效果。此外，在鸭舍周围种植高大的落叶乔木，在空地栽植草皮，也可有效地防止地面反射光进入鸭舍。在鸭舍的朝阳面搭凉棚也可降低室内温度。

（二）科学饲喂，改变加料程序

在早晚凉爽时多给料，勤给料。要做好调配，注意增强饲料的适口性，刺激鸭的食欲，让其多采食，但要注意避免料槽积存湿料，以免饲料发霉变质。

调整日粮营养水平。高温会使鸭的采食量减少，摄入营养不足，因此要提高日粮营养水平以弥补营养不足。

1. 提高日粮能量

可以在日粮中加1%~2%的植物油脂。

2. 补充优质蛋白质或氨基酸

因采食量降低，蛋白质摄入减少，蛋重降低，产蛋减少，所以要补充优质蛋白质。适当添加氨基酸，尤其是蛋氨酸和赖氨酸。

3. 增加维生素、矿物质供给

夏季饲料中有足够的维生素E，可提高蛋鸭的抗病力。在室温30~34摄氏度时，在每千克饲料中加入500毫克维生素C，能缓解鸭热应激，增加采食量，并提高12%的产蛋率。每升水中加200毫克维生素C或0.1%的小苏打，可以改善鸭的代谢，增强机体对高温的适应能力。添加电解质和适当补充钙、磷等，可增强蛋鸭的抵抗力和免疫力，有利于尽快到达产蛋高峰期或延长产蛋高峰期，降低破蛋率和料蛋比。

（三）保证充足饮用水，调控饮用水温度，保证水上运动

夏季鸭群饮水量明显增加，一般为采食量的3~5倍。因此，

要保证全天足量供应新鲜、清凉、干净的饮用水，并增加给水次数，水温以10~13摄氏度为宜。养鸭户每日还要做好水槽或饮水器的清洗消毒。水上活动场要保持一定的深度，以利于鸭群戏水降温。

四、冬季的管理

冬季天气寒冷，可适当降低饲料蛋白质水平，提高能量水平。圈舍注意通风除湿，保持圈舍干燥。有时潮湿空气凝结成水滴在鸭身上不能及时晾干，造成“湿毛”，鸭体湿冷，会严重影响产蛋。

五、定时集蛋

集蛋时将破蛋、软蛋、特大蛋、特小蛋等单独存放。

六、及时处理废弃物

鸭舍清理出的垫料和粪便应进行无害化处理。对病死鸭应焚烧或深埋，严禁出售或随意丢弃，以防疾病传播。

思考题

1. 雏鸭舍的湿度如何设置？
2. 如何对产蛋鸭进行光照？
3. 夏季如何调整日粮营养水平？

第十章　番鸭的饲养管理

本章提要与学习指导

本章主要介绍了番鸭雏鸭、育成鸭、育肥鸭和种鸭的饲养管理。学习时要求掌握番鸭不同阶段的饲养管理要点，并能根据实际情况解决问题。

番鸭是优秀的瘦肉型鸭种，具有饲养管理方便、耐粗放饲养、饲料报酬高、生长快、抗病力强等特点。饲养方式与其他品种有一定差异，且海南的嘉积鸭也属番鸭，故单独介绍。

第一节　雏鸭的饲养管理

一、雏鸭的选择

番鸭的羽色有白、黑和黑白花之分。养殖者可根据当地习惯和市场需求，选择适宜羽色的番鸭饲养。

二、温度、湿度

群养育雏保温多用红外线灯，一般每盏250瓦红外线灯可保温100~120只雏番鸭。室温要求：第1周28摄氏度左右，第2周25摄氏度左右，第3周22摄氏度左右，第4周20摄氏度左右。育雏温度应避免忽高忽低。相对湿度应控制在60%~70%之间。

三、饲养密度

地面育雏：1周龄每平方米40只左右，2周龄每平方米30只左右，3周龄每平方米20只左右。

四、光照

1周龄需24小时光照，光照强度为30勒克斯（白天利用自然光照），灯泡离地面2米。2~3周龄光照时间每天递减1小时，直至每天光照10小时（含白天自然光照），白天利用自然光照。人工光照强度随着光照时间的减少而逐渐降低到5勒克斯。4周龄起均为自然光照。

五、饮水与喂食

出壳苗番鸭应先饮水，后开食。开食时间根据季节、温度而定，一般在出壳后12~24小时进行，或者在1/3的雏鸭有觅食行为时进行。在饮用水中加入适量葡萄糖开饮，或者加0.03%高锰酸钾饮1~2天，以后在饮用水中加适量速补和强力霉素或诺氟沙星，以增强体质和预防疾病。开饮时注意不要沾湿鸭毛。开食可用水洗后的夹生米饭或潮湿碎饲料，撒在清洁的塑料布上，让其自由采食。以后饲料可用混合粉料、夹生饭或碎米，5日龄后加喂切碎的青绿饲料。

六、断喙、断爪、切翅尖

番鸭有发达的喙、坚硬的爪尖、会飞翔的翅膀，往往有碍于管理，必要时可在2~3日龄时切翅尖（将翅骨末端骨节切除），在2~3周龄时断喙、断爪。但留种用的公番鸭不宜断喙、断爪。

第二节　育成鸭的饲养管理

一、饲料

番鸭在育成期生长最快，采食量大增，消化能力增强，耐粗饲，提供的饲料可减精加粗，补喂青绿饲料和动物性饲料，最大限度地满足番鸭在饲料数量和质量上的需求，但是番鸭易暴食，应注意适当控制喂量。饲料变换应有一周过渡期。育成期的中期使用专用饲料。

二、公母鸭分开饲养

公鸭生长速度比母鸭快，体重也大于母鸭，两者采食量差异也较大，为更好满足各自生长发育的营养需要，从4周龄起，应公母鸭分开饲养。

三、分群和饲养密度

根据饲养场地面积和饲养数量，实行分群饲养可便于管理。一般200只左右为一群。在分群时应注意个体大小、体质强弱基本一致的为一群。

饲养密度：4周龄，每平方米公鸭15只、母鸭20只；5周龄，每平方米公鸭10只、母鸭15只；6周龄起，每平方米公鸭4只、母鸭8只。

四、其他管理

番鸭可陆养，有“旱鸭”之称，但大群饲养时仍需建人造水池。在选择场址时，鸭舍边有河流或池塘最宜。由于番鸭怕热，夏秋季节应注意鸭舍通风凉爽。中雏期番鸭开始换羽，要防止出现啄羽癖。设置砂盘，供鸭采食粗砂。

第三节　育肥鸭的饲养管理

一、 饲喂方法

采用传统填饲育肥法或网床平养育肥法。为了上市时鸭肉风味更好，上市前养殖户一般会采用“填鸭”的方式饲养嘉积鸭，一只鸭散养70天左右就开始填肥，填肥期约20天。这种强制育肥的方式，在效率、成本等方面都存在一些弊端。网床平养育肥法（免填型育肥法）可以避免这些弊端，提高饲养效率。

二、传统填饲育肥法

填鸭操作：按照表2中传统填饲配方，配制成肉鸭育肥饲料条，每天分别于8~10时和16~18时各填饲一次。填饲前3天，每只公鸭每次填4~5根饲料条，每只母鸭每次填3~4根饲料条，以后逐渐过渡到每只公鸭每次填8~10根饲料条，每只母鸭每次填6~7根饲料条，育肥后期，填料量逐渐减少。

填鸭饲料配制：将大米煮成熟饭（以手捏米粒能够捏动且有

弹性为宜），然后与少量米糠混匀，放入饲料条制作机器，制作成直径2~2.5厘米、长6~10厘米的饲料条。

断趾：肉鸭转入育肥笼之前，将趾甲剪掉。采用网床平养育肥的鸭无需断趾。

饮水：育肥鸭的饮水槽放在育肥笼的两侧外面，让肉鸭伸出头颈饮水。每只肉鸭填料量达到总量的60%~70%后，让鸭自由饮水，休息10~15分钟再次进行填料，之后再让鸭自由饮水。

三、网床平养育肥法

按照表2中免填配方1或免填配方2配制颗粒饲料，每天上午8~10时加入足量饲料，让鸭自由采食和饮水。

表2　嘉积鸭育肥饲料配方表

单位：%

饲料成分	传统填饲配方	免填配方1	免填配方2
大米	95	30	30
玉米粉	—	10	17
稻谷粉	—	13	8
木薯或番薯	—	5	5
麦麸	—	14	10
统糠	5	20	22
豆粕	—	—	—
花生饼	—	3	3
贝壳粉	—	—	—

续表

饲料成分	传统填饲配方	免填配方1	免填配方2
食盐	—	0.3	0.3
预混料	—	—	—
食用油	—	4.7	4.7

注：1. 预混料中含有维生素、矿物质、蛋氨酸和赖氨酸等。

2. 免填配方1中蛋白质占10%，每千克免填配方1含能量12.42兆焦耳。

3. 免填配方2中蛋白质占10.64%，每千克免填配方2含能量13.08兆焦耳。

第四节　种鸭的饲养管理

一、育雏期饲养

种番鸭育雏期的饲养管理同商品肉番鸭育雏相似，只是光照时间不一样。种番鸭光照时间：1周龄时每天为24~18小时，2周龄时16小时，3~4周龄时14小时。

二、后备期饲养

（一）公母鸭分开饲养

5周龄时公母鸭分开饲养。

（二）饲喂

这阶段主要是采取限饲措施，其目的是避免后备种番鸭过肥、过重和过早性成熟，影响以后的产蛋性能。公鸭的限喂量为自由采食量的75%~80%，母鸭的限喂量为自由采食量的85%~90%，一直限喂到24周龄时才开始逐步增加喂料量。限饲方法：每日喂

1次，将1天的喂料量一次性投喂；公鸭在12~18周龄间可采用隔日限喂，将2天的喂料量一次性隔天投喂。饲料的代谢能为每千克11.29~11.7兆焦，粗蛋白质为14%~15%，每只鸭平均用料100~150克，青绿饲料25~50克。24周龄时母鸭体重控制在2200克左右，公鸭体重控制在3500克左右。

（三）光照

每天光照9~10小时，主要靠自然光照。从26周龄起补充人工光照，每周增加半小时，直至每天光照时间达到16小时，持续到产蛋结束。

（四）选种

在9周龄左右时初选，按公母比1：4~1：5选留公鸭。对不符合种用要求的淘汰，作商品肉番鸭处理，经育肥后上市。留下的按后备种番鸭的要求培育，养至24周龄时再进行第二次选择。留种公鸭要求个大体长，背直而宽，胸骨长而正直，头大颈粗，两眼圆亮，脚长且两脚间距宽，羽毛有光泽，尾稍上翘，性情活泼，体魄健壮。留种母鸭要求头大宽圆，颈粗，喙宽而直，胸部丰满前突，背长而宽，腹深，脚粗而稍短，两脚间距宽，体型较大。按公母比1：6~1：8选留公鸭。同时，公母鸭合群饲养，每群应多配几只公鸭，以备补充淘汰用。

（五）管理

从5周龄开始进行生活规律的调教和训练，每天的饮水、吃食、舍外活动、下水、上岸梳理羽毛、入舍休息等要定时，逐渐形成条件反射，这既有利于管理，又可以保证鸭群正常生长发育。鸭舍空气应新鲜流通，保持鸭舍清洁干燥。

三、产蛋期饲养

（一）饲喂

番鸭性成熟较迟，母鸭在27~29周龄开产，在临开产前可适当提高粗蛋白质水平，逐渐过渡到产蛋期所需的营养水平。产蛋期日粮每千克代谢能为11.71兆~12.12兆焦，粗蛋白质17%~19%，钙2.8%，磷0.5%，并适当提高矿物质、维生素含量。每只母鸭每天用料120~180克，每只公鸭每天用料200克左右。鸭自由采食饲料。为促进番鸭消化，舍内应设置砂砾盆，供鸭采食。

（二）配种

一般采用自然交配。番鸭喜在水中交配，且交配时间多集中在下午3至5时，故这段时间宜将鸭放到水上。陆上配种可采取人工辅助方法，有利于提高受精率。为降低种番鸭的饲养成本，减少公番鸭饲养数量，可采用人工授精技术。人工授精公母比例为1∶30~1∶40。

（三）准备产蛋箱（窝）

为使母鸭早日适应产蛋环境，在开产前2周应在舍内靠墙四周放置产蛋箱。也可采用简单而实用的产蛋窝，即舍内四周离墙40厘米处，用砖块垒成3块砖高的围栏，内铺垫草，供番鸭产蛋。为使种蛋清洁，产蛋窝应每天清扫并更换垫草。

（四）种鸭利用年限

公鸭一般利用1~1.5年即淘汰，母鸭利用2年左右。母鸭27~29周龄开产，到33~35周龄时达产蛋高峰，随后逐渐下降，经20~22周的产蛋后，第1个产蛋期结束。接着就是长达7~9周的换羽期（若不采取强制换羽，任其自然换羽需13~17周）。到60~63周龄时，第2个产蛋期开始，再经20~22周的产蛋后，在第2个产蛋期结束后10天内淘汰。番鸭产蛋率在62%左右。

（五）强制换羽期的饲养管理

①饲喂。一般在第1个产蛋期将要结束时，进行强制换羽，公母鸭分开饲养。先停料（冬季停2~4天，夏季停4~6天），但不限饮水。停料结束后，改喂换羽期饲料，每千克饲料代谢能11.3兆焦，粗蛋白质12%、钙1.4%、磷0.45%。在60~63周龄时喂产蛋期饲料，喂料量逐渐增加。到65周龄时，公母鸭平均日喂180克，此后逐步过渡到自由采食。

②光照。在实施强制换羽1周后，将光照时间逐渐减至每天8小时（长日照季节，可将门、窗用2层黑布帘遮挡，上午9时将黑布帘卷起，下午5时将黑布帘放下）。强制换羽进行到9周时逐渐增加光照时间，直至增加到16周时的每天16个小时，维持到第2个产蛋期结束。光照强度也随着光照时间的增加而逐渐增加到每平方米30勒克斯。

③公母鸭合群。在执行强制换羽的第6周时，按公母鸭配比1∶7合群饲养。

思考题

1. 填料中要避免混入哪些异杂物？
2. 番鸭的育肥方式有哪几种？
3. 番鸭种鸭饲养包括哪些阶段？有哪些注意要点？

第十一章　鸭的疾病防治

本章提要与学习指导

本章介绍鸭病防治技术，了解鸭常见病的预防措施和发生疫病时的解决措施。学习时应掌握鸭常见病的症状和防治方法。

第一节　综合防治措施

鸭病的发生是一个复杂的过程，受多种因素的影响，有内因，也有外因。因此，鸭病的防治，首先应从提高鸭的机体抗病力着手，其次采取可行的综合措施来避免或切断致病病原体侵害机体，如切断造成传染病流行的三个环节（传染源、传播途径、易感动物）的相互联系。综合防治措施包括“养、防、检、治”四个基本内容，基本原则是“预防为主、防治结合、防重于治”。综合性防治措施又可分为日常的预防措施和发生疫病时的解决措施两个方面。

一、日常措施

（一）加强饲养管理，增强鸭体的抗病能力

要精心饲养，饲料配合得当，营养齐全，饲喂及时，饮水及时，饮食清洁。保持鸭舍内适宜的温度、湿度、光照和饲养密度。保持通风良好、环境安静，尽量减少人员走动或其他不良因素的刺激。

贯彻自繁自养的原则，防止由外场或外地引入病鸭。如果一定要从外地或外场购入鸭，引入后应先隔离饲养20天后，确认无任何传染病或寄生虫病时，方可混群饲养。

执行“全进全出”的饲养制度，即一栋鸭舍只饲养同一日龄的鸭，同时引进饲养，同时转群、出售或屠宰。

（二）做好免疫接种

许多传染病尤其是病毒性疫病尚无特效药物治疗，疾病发生后往往没有相应的对策。因此，要进行定期的预防接种。

（三）采用适当的药物进行预防

在饲料、饮用水中加入某些药物或保健添加剂等。

（四）做好卫生消毒

消毒对象包括进出场人员、车辆、用具、鸭舍、运动场等。鼠类是多种疫病的传播者或宿主，养鸭场要经常灭鼠。鸭粪便要及时清扫和处理。

（五）防止蛋传性疾病

平时注意种鸭房的环境卫生，勤打扫和消毒产蛋场地，勤更换垫草，并保持垫草干燥，以减少粪便污染蛋。孵化用蛋宜集中后用甲醛液熏蒸或用温热的洗剂冲洗。

二、解决措施

（一）及时发现疫情并进行确诊

鸭群中出现传染病的早期症状多为鸭精神不振或沉郁，缩颈，喜卧，眼、鼻有分泌物，减食或不食，母鸭产蛋量急剧下降等。此时应迅速将可疑病鸭隔离观察，并将死鸭送兽医部门检验，尽早诊断，以便采取有针对性的防治措施。

（二）避免扩散传染

对已被污染的场地和鸭舍应进行紧急消毒。严禁饲养员及工作人员随意走动，以免扩散传染。病群鸭停止引进或出售，确诊后再根据具体情况处理。

（三）病死鸭处理

深埋或焚烧病死鸭，粪便进行发酵处理，垫草焚烧或堆肥处理。严禁将病鸭或死鸭出售或加工食用。

（四）疫苗接种

根据确诊的疾病，选用专用疫苗进行紧急疫苗接种，对病鸭进行合理的治疗。患慢性传染病的病鸭宜早淘汰。

第二节　鸭群免疫程序

免疫程序就是在特定的日龄，对鸭群进行疫苗的免疫接种。疫苗的免疫程序不是固定不变的，应根据地区、品种、生产性能、生产周期、季节、疫病流行情况、疫苗的免疫特性等建立合适的免疫程序，并在应用过程中根据免疫抗体的监测结果、疫病的发生和发展情况不断更新和完善。不同类型鸭的疫苗免疫程序见下表。

表3　肉鸭免疫程序表

日龄	疫苗名称	剂量	备注
1	鸭病毒性肝炎高免卵黄抗体	0.5~0.8毫升	
2	小鹅瘟高免卵黄抗体	0.5~0.6毫升	选择使用
5	重组禽流感病毒（H5+H7）二价灭活疫苗	0.5毫升	
7	鸭传染性浆膜炎灭活疫苗	按说明书剂量	
15	重组禽流感病毒（H5+H7）二价灭活疫苗	1毫升	

续表

日龄	疫苗名称	剂量	备注
25	鸭瘟活疫苗	2羽份	选择使用
35	禽霍乱疫苗	1羽份	选择使用

表4　种鸭和蛋鸭的免疫程序表

日龄	疫苗名称	剂量	备注
1	鸭病毒性肝炎高免卵黄抗体	0.5~0.8毫升	
2	鸭病毒性肝炎活疫苗	0.5毫升	选择使用
5	重组禽流感病毒（H5+H7）二价灭活疫苗	0.5毫升	
7	鸭传染性浆膜炎灭活疫苗	按说明书剂量	选择使用
20	重组禽流感病毒（H5+H7）二价灭活疫苗	1毫升	
25	鸭瘟活疫苗	2羽份	
35	禽霍乱疫苗	1羽份	选择使用
40	重组禽流感病毒（H5+H7）三价灭活疫苗	1毫升	
80	鸭坦布苏病毒病活疫苗或灭活疫苗	1羽份	
100	鸭瘟活疫苗	1~2羽份	选择使用
105	禽多杀性巴氏杆菌病活疫苗	1羽份	选择使用
110	重组禽流感病毒（H5+H7）三价灭活疫苗	1.5毫升	

表5　番鸭的免疫程序表

日龄	疫苗名称	剂量	备注
1	番鸭细小病毒病活疫苗、小鹅瘟二联活疫苗	1~2羽份	
1	番鸭呼肠孤病毒病活疫苗	1~2羽份	
2	鸭病毒性肝炎高免卵黄抗体	0.5~0.8毫升	选择使用
5	重组禽流感病毒（H5+H7）二价灭活疫苗	0.5毫升	

续表

日龄	疫苗名称	剂量	备注
7	鸭腺病毒3型灭活疫苗	按说明书剂量	
7	鸭传染性浆膜炎灭活疫苗	按说明书剂量	
15	重组禽流感病毒（H5+H7）二价灭活疫苗	1毫升	
25	鸭瘟活疫苗	2羽份	
35	禽霍乱疫苗	1羽份	选择使用

对鸭群来讲，目前需要接种疫苗的传染病主要有鸭瘟、鸭病毒性肝炎、鸭大肠杆菌病、鸭霍乱、鸭传染性浆膜炎。

一、鸭瘟的免疫程序

鸭瘟主要发生于1月龄以上的鸭，常用的疫苗是鸭瘟鸡胚化弱毒疫苗等。对于肉鸭，可在1~7日龄时每只鸭皮下或肌内注射0.2~0.5毫升疫苗，一周内可产生强免疫力，并能保护肉鸭至上市。对于种鸭，可在20日龄进行首免，每只鸭肌内注射0.2毫升，5个月后再加强免疫一次即可。种鸭每年接种两次，产蛋鸭在停产期接种。3月龄以上的鸭肌内注射1毫升，免疫期可达1年。

二、鸭病毒性肝炎的免疫程序

鸭病毒性肝炎主要发生于1~3周龄的雏鸭，常用的疫苗是鸡胚化弱毒疫苗。易感雏鸭于1~3日龄经颈部皮下接种疫苗0.5毫升后，2天即能产生抗体，5天抗体达到高峰，高水平的抗体至少维持2个月。因此，一次接种即能安全保护易感雏鸭度过易感期。

感染鸭肝炎病毒的种鸭或接种疫苗后的种鸭，雏鸭体内能获得一定水平的母源抗体。种鸭可在产蛋前1个月经皮下或肌内注射疫苗1~1.5毫升，半月后再接种1毫升，种鸭体内抗体可维持5~6个月，以后可再考虑接种疫苗。种鸭接种后，抗体经卵传给雏鸭，使雏鸭获得2~3周的保护，2~3周后的雏鸭仍有可能发病，可考虑雏鸭出壳后6~7日龄再接种弱毒疫苗，但母源抗体可能影响免疫效果。

三、鸭霍乱的免疫程序

“731”禽霍乱弱毒菌苗用于2月龄以上的鸭，免疫期可达3个半月；禽霍乱氢氧化铝菌苗用于2月龄以上的鸭，每只鸭肌内注射2毫升，间隔10天再注射1次，免疫期为3个月；禽霍乱油乳剂灭活苗用于2月龄以上的鸭，每只鸭皮下注射1毫升，免疫期为6个月。

四、鸭传染性浆膜炎的免疫程序

鸭传染性浆膜炎主要发生于1~7周龄的小鸭。1周龄雏鸭皮下接种福尔马林灭活苗可获得86.7%的保护；1周龄雏鸭皮下注射氢氧化铝胶苗1毫升，也可较好保护鸭度过最易感的3~4周龄；8周龄雏鸭皮下注射油乳佐剂灭活苗1毫升，在免疫1周、2周后进行攻毒实验，保护率可达100%。

五、鸭大肠杆菌病的免疫程序

大肠杆菌可发生于各种日龄的鸭，给制苗和防疫带来了一定的困难。若用常见致病血清型大肠杆菌制成多价灭活苗，经皮下或肌内注射0.5~1毫升，有4~5个月的免疫期。也可制备自家菌苗，用于本场免疫，也有较好的效果。

第三节　主要疾病及防治

一、病毒性传染病

由病毒引起的传染病，目前尚无特效药物治疗，主要是依靠免疫接种工作。发病早期的病例用高免血清治疗有一定的效果，但由于制造、保存、价格等方面原因，目前大群治疗还较少应用。临床上一般以紧急接种疫苗的方法为主，并用抗菌药物协助治疗和对症治疗。此外，中草药治疗也有一定的疗效。

（一）鸭瘟

鸭瘟俗称“大头瘟”，是一种烈性传染病。鸭群感染鸭瘟后，迅速传染，广泛流行，大鸭发病率和死亡率都很高，往往发生大批死亡现象。21日龄以下的雏鸭较少发病。

1. 发病原因

本病的主要传染源是患鸭瘟的病鸭，特别是在潜伏期的鸭。这些病鸭的排泄物会污染场地、水源等环境，是造成本病流行的主要原因。传染的方式：一是鸭场过去曾发生过本病，但没有消毒彻底。二是鸭场附近发生鸭瘟，病鸭的排泄物，以及病鸭的尸体、组织污染了水源。三是鸭群放牧到被污染了的场地。四是健康鸭与带病鸭混群饲养或一起放牧（痊愈鸭带毒期至少有3个月）。五是人员、车辆将病原体带入鸭场。

2. 临床症状

病鸭头颈部显著肿胀，呼吸困难，呼吸音粗劣。病初，体温升高到43~44摄氏度，食欲减退甚至废绝，渴欲增加，两脚发软，走路困难，翅膀下垂，严重者伏地不起，驱赶则两翅扑地，欲走不能。眼睛流泪，眼睑肿胀，眼周围羽毛沾湿，眼分泌物初为浆液性，继而黏稠或脓样，常见上下眼睑粘连。病鸭下痢，排泄物呈草绿色或灰绿色，有腥臭味，泄殖腔周围羽毛被粪便污染。肛门黏膜充血、出血，稍外翻。

3. 剖检病变

①口腔黏膜和食道黏膜表面常有灰黄色或草黄色的假膜状物质，随食道黏膜的皱襞而形成条状，用刀刮离时留下不规则的出血溃烂面。腺胃黏膜多数有不同程度的出血斑点，与食道黏膜交界处出现一条灰黄色坏死或出血带。

②肠道黏膜充血、出血，肠集合淋巴肿大或坏死，呈纽扣环状。

③泄殖腔黏膜水肿、充血、出血，表面覆盖有绿色或绿褐色的坏死物质所形成的结痂，用刀刮，有磨砂感。

④肝脏稍肿大，表面散布有大小不等的由针头大至小米大的灰黄色的坏死点，有的坏死点中间有小出血点，有的坏死点周围有环状出血带。

⑤头颈部皮下有较多黄色胶样液体，皮下组织有不同程度的炎性水肿。

4. 预防与治疗

目前尚未见有治疗鸭瘟的特效药物。

预防鸭瘟的重点是给雏鸭接种鸭瘟弱毒疫苗。我国制成的鸭瘟弱毒疫苗，一般21日龄的小鸭即可注射，免疫期为1年。

发生鸭瘟时，应先对全群进行紧急预防接种弱毒疫苗，每只鸭要注射2~3倍分量。鸭一般3~4天可获得抵抗力。如能做到早期发现，及时注射，保护率是较高的。一般在接种后第4天死亡数量降低，随后逐渐减少死亡。注射疫苗时应尽量做到一个针头注射一只鸭，用过的针头须经消毒后才能继续使用，否则会造成人工传播。

在注射疫苗的同时加入一些抗生素，如每千克体重加入5万单位青霉素、5万单位链霉素，每千克体重加入1万单位庆大霉素，既可以预防群鸭的应激反应，又可以控制某些细菌性的并发症。大量的临床使用效果证明，此法对紧急预防接种和常规预防鸭瘟病接种都是行之有效的。

（二）雏鸭病毒性肝炎

雏鸭病毒性肝炎是雏鸭的一种急性传染病，本病发病急、传播快、死亡率高，对雏鸭危害很大。本病主要发生于3周龄以内的雏鸭，而死亡多数集中在3~12日龄之间，2月龄的鸭也能感染发病，但死亡较少。本病在老疫区造成的死亡率不高，但从老疫区运出的雏鸭可把本病向外传播，当新疫区暴发本病时死亡率可高达90%以上。

1. 发病原因

本病的主要传染源是带毒的病鸭，被病鸭污染的场地、水源等环境是造成本病流行的主要原因。传染的方式：一是疫区的雏鸭运到非疫区，与健康雏鸭一起饲养。二是车辆或人员将病原体带入鸭场。此外，饲养管理不良，缺乏维生素和矿物质，鸭舍潮湿，鸭群过密拥挤，均可促进本病的发生，加大死亡率。

2. 临床症状

病鸭初期呈现呆滞、减食、垂翅、离群、眼半闭、昏睡状态，有时出现腹泻。发病半日至一日即出现特异性神经症状，病鸭全身抽搐，身体倒向一侧，仰颈，头弯向背部，两脚阵发性向后踢蹬，有的在地上旋转，抽搐10分钟至数小时后死亡，故死时大多尸体呈角弓反张姿态，这是本病死亡的典型体征。

3. 剖检病变

肝脏肿大，呈粉红色或土黄色，质地柔软，发脆，表面有针尖到米粒大小不等的深紫色出血点或斑块。胆囊肿大，胆汁变淡，呈淡绿色或褐色。部分病鸭脾、肾肿大，淤血，心肌苍白。

4. 预防与治疗

预防本病必须从非疫区购进健康雏鸭饲养。也可采取如下预防措施。

①本病流行地区，在收集种蛋前2~4周给产蛋母鸭肌内注射0.5毫升病毒鸡胚液，隔5天再注射一次，这样母鸭所产的种蛋即含有抗体，孵出的雏鸭就获得被动免疫。

②给1日龄的雏鸭预防接种人工培育的弱毒肝炎疫苗。

③免疫母鸭的一枚卵黄至少可以保护600只小鸭。方法是对母鸭进行强化免疫，半个月后取这批鸭产下的免疫蛋的蛋黄，用生理盐水按1：3比例稀释，充分搅匀，每500毫升蛋黄稀释液加入青霉素、链霉素各100万单位或庆大霉素8万单位。分装后即成免疫蛋黄注射液，置于4~8摄氏度冰箱中短期保存备用。对发生过本病的地区孵出来的初出壳雏鸭每只背部皮下注射0.5毫升，已发病雏鸭每只皮下注射1毫升，一般一次即愈，病重的可重复注射一次。

治疗本病采用抗生素、磺胺类药物等均无效，对已发病的雏鸭可注射高免血清和康复鸭血清，每只注射0.5毫升能够防止传染发病和减少死亡。

根据临床经验，采用下列中草药也有一定的治疗效果。

板蓝根100克、大青叶100克、紫草80克、枯矾40克、葛根80克、木贼50克、朱砂5克、甘草100克，煎水供500只雏鸭饮服，一日一剂，连服3剂。

茵陈50克、龙胆25克、柴胡25克、黄芩20克、神曲50克、甘草20克，粉碎拌料或煎水饮服，可供100只雏鸭一日一剂，连用2~3天。

二、细菌性传染病

使用药物治疗时应注意使用有效的剂量和适当的疗程，以防止细菌产生抗药性和疾病的复发。

（一）禽霍乱（禽出败）

禽霍乱的病原体是巴氏杆菌，故又称巴氏杆菌病。它是一种急性、败血性传染病，发病急骤，病程短促，最急性型的病鸭会突然死亡。巴氏杆菌病是鸭、鹅、鸡共患的一种传染病。

1. 发病原因

带菌病鸭、病鹅和病鸡是本病发生的主要传染来源，健康鸭接触被带病菌的粪便及其他分泌物污染的场地、饲料、饮用水、垫料、用具等都会引起发病。本病一次流行之后，健在的或康复的鸭可能长期带菌，当带菌鸭机体抵抗力减弱时，会重新出现症状，甚至死亡。卫生条件差，天气突然变化，鸭舍闷热、通风不良、饲养密度过高等情况，会致使鸭体抵抗力减弱等，都容易诱发本病。

2. 临床症状

最急性型的病鸭往往突然死亡，多是生长速度快和育肥期的大鸭。发病后1~2天死亡的为急性型，其主要临床症状是精神沉郁，翅下垂，食欲减少，渴欲增加，呼吸困难，口腔和鼻孔中常流出泡沫黏液样血水。病鸭常常摇头，眼流泪，眼球凹陷，脚软无力，排出绿色或灰白色的稀粪，味恶臭。死亡率可达80%以上。

3. 剖检病变

最急性型的病例无明显的器官病变，只见喉咽部黏稠性分泌物增多，偶尔见心外膜脂肪组织有少数针尖大的出血点。急性型的病鸭剖检，多见心包液增多，呈橙黄色。呼吸道和肺部充血、淤血及水肿。肠黏膜充血、出血，尤以十二指肠最明显。脾脏呈樱桃红色。肝脏病变为本病的特征，肝脏稍肿，表面有数量不等的针尖或针头大小的灰黄色或灰白色坏死点。

4. 预防与治疗

经常发生本病的鸭场应定期接种疫苗。常用的菌苗有禽霍乱氢氧化铝菌苗（死菌苗）和禽霍乱弱毒苗（活菌苗），后者较常用，5周龄时接种可以预防本病。但在临床上由于接种免疫效果都不够理想，鸭群对接种反应较大，一般未流行本病的鸭场较少使用。

目前，治疗本病的中西药物很多，可因地制宜选用。

在中、大鸭饲养期，每周用喹乙醇按每千克体重20毫克拌料饲喂2~3天，或每周用2%的穿心莲粉拌料饲喂2~3天，对本病都有一定的预防和治疗作用。

青霉素、链霉素按每千克体重各5万单位混合，肌内注射，1天2次，连续3天，疗效较快，病鸭可以治愈，从而控制疫情。

磺胺二甲基嘧啶按0.05%~0.1%比例混入饲料中连喂5天。

盐酸环丙沙星，肌内注射，每千克体重5毫克，1天2次。氧氟沙星，肌内注射，每千克体重5毫克，1天2次。

穿心莲、一枝黄花各160克，黄芩、地胆头各80克，研磨拌料或煎水，可供100只鸭服用，1天1次，连喂3天。

穿心莲、板蓝根各80克，蒲公英、苍术各60克，研磨拌料或煎水，可供100只鸭服用，1天1次，连喂3天。

（二）鸭坦布苏病毒病

鸭坦布苏病毒的宿主范围广泛，该病危害巨大。

1. 传播途径

病毒在鸭群中通过吸血昆虫传播，也通过空气等方式传播。

2. 临床症状

雏鸭以病毒性脑炎为特征。病鸭瘫痪，站立不稳，行走时双脚向外叉开、呈八字脚，头部颤抖，走路时容易翻滚，腹部朝上，两脚呈游泳状挣扎。排绿色、褐色稀便，脱水，蹼干燥。严重时，鸭痉挛，倒地不起，两腿向后踢蹬，最后衰竭死亡。

产蛋鸭以产蛋量下降为特征。产蛋鸭采食量突然下降，体温升高，精神沉郁，排绿色稀便，个别鸭表现为瘫痪、流泪、喙出血等。2~3天后，产蛋量急剧下降，在1~2周内，产蛋率从80%~90%降至10%以下，30天后产蛋率逐渐恢复。

3. 预防与治疗

加强饲养管理，减少应激因素对鸭的刺激，加强消毒工作。避免野鸟与鸭的密切接触。加强防蚊虫的工作。

该病尚无有效的治疗措施，发病后可在饲料或饮用水中添加抗生素，如0.01%环丙沙星，连用4~5天，可防止继发性感染。

（三）大肠杆菌病

本病在饲养管理不良、鸭体抵抗力降低的情况下才会发生，传播较慢，呈散发性，各种年龄的鸭均可发生。本病的发病频率较高，应引起高度的重视。

1. 发病原因

本病的病原体广泛存在于自然界，健康鸭的肠道也存在。在良好的饲养条件下，不引起发病。当日粮营养成分不全、缺乏维生素（特别是维生素E）和矿物质，以及饲料发霉、饮用水不清洁、饲养密度过高、鸭舍通风不良、鸭舍闷热等时，鸭的机体防御机能降低，就可能发生本病。

2. 临床症状

临床的主要症状是病鸭排灰白色的、恶臭的稀粪。病鸭食欲减退，渴欲增加。严重的呼吸困难。

3. 剖检病变

主要是纤维素性心包炎、纤维素性肝周炎和纤维素性气囊炎，这些纤维素性渗出物呈凝乳状。心包液增多，脾、肝肿大且质脆，肝表面有针头至小绿豆大小不等的灰白色坏死病灶，肠黏膜肿胀、出血。

4. 预防与治疗

预防大肠杆菌病的发生主要是加强饲养管理，提高鸭机体的抵抗能力，消除影响鸭体生长的各种因素，如不喂发霉变质的饲料，日粮中各种营养成分要齐全，饮用水应保持清洁，注意雏鸭保暖，适当调整鸭群饲养密度，保持鸭舍通风，改善鸭场卫生条件，定期清洁和消毒鸭舍及用具等。

治疗大肠杆菌病的药物较多，但往往用药不当容易复发或产生抗药性，所以要求治疗用药量充足并连续用药。

环丙沙星或恩诺沙星：加入饮用水配成4%溶液，每天2次，连用3~5天。

庆大霉素：按每千克体重1万单位肌内注射，1天1次。连用3天。

卡那霉素：按每千克体重30~40毫克肌内注射，1天1次，连用3天。

黄芩、地榆、丹皮、赤芍、当归、木通、肉桂、甘草各30克，栀子、知母各20克，黄连10克，研磨拌料或煎水，供100只中鸭服用，1天1剂，连用3天。

穿心莲100克，黄芩、大青叶、野菊花各80克，白矾20克，研磨拌料或煎水，供100只鸭服用，1天1剂，连用3天。

三、寄生虫病

对鸭危害较大的寄生虫主要是寄生在肠道里的寄生虫。这类寄生虫较少使鸭直接死亡，其危害主要是消耗鸭体内的营养，分泌毒素和刺激鸭体，严重时对鸭的危害很大。临床治疗应根据寄生虫的繁殖方式投服合适的药物，以达到驱虫和杀虫的目的。

（一）鸭球虫病

鸭球虫寄生在鸭的小肠。鸭球虫病的常见特征是下痢和肠炎。鸭球虫的种类很多，目前我国发现的有两个种，即毁灭泰泽球虫和菲莱氏温扬球虫。雏鸭感病后死亡率最高。本病在3~6月份最为流行。

1. 发病原因

病鸭和隐性带虫者可排出带有大量球虫卵囊的粪便，被这些粪便污染了的饲料、饮用水、土壤、禽舍、用具等都可成为传播媒介，甚至老鼠、苍蝇等都可传播。

2. 临床症状

常见为下痢和肠炎。鸭消化功能障碍和营养吸收不良，肠壁血管破裂出血。病鸭常表现为精神沉郁、厌食、渴欲增加、卧地不起，排出暗红色稀粪。严重的可死亡。耐过的病鸭，生长受阻，增重缓慢。

3. 剖检病变

常见的病理变化是小肠胀大，肠腔内有淡红色或鲜红色黏液，肠黏膜有出血斑点，有的为红白相间的条纹，有的黏膜上覆盖着一层麦糠状或奶酪样黏液。

4. 预防与治疗

预防本病主要是加强饲养管理，定期清除粪便，防止饲料和饮用水被鸭粪污染。鸭舍环境和用具要定期消毒，做好环境卫生。对发生过本病的鸭舍，用10%氨水进行场地消毒，消毒效果较好。

治疗鸭球虫病，必须全群投药，才能对已感染而未发病的鸭只起保护作用，对发病的起治疗作用。在防治时，要注意选择多种药物交替使用，以增加疗效，防止产生抗药性。

磺胺六甲氧嘧啶：以占饲料比重0.1%的量混料饲喂，连用5天。

磺胺氯吡嗪钠：以占饲料比重0.1%的量混料或占饲料比重0.03%的量饮水投喂，连用3天。

氯化醇：以占饲料比重0.015%的量混料饲喂，连用5~7天。

氯羟吡啶：每100千克饲料加入50克，连用5~7天。

青蒿120克、紫珠80克、黄芩50克、硫黄2克，研磨拌料，供200只雏鸭服用，连用3~5天。

（二）鸭绦虫病

绦虫是一种白色、扁平、分节、带状的寄生虫，常寄生于鸭的肠道中，种类很多，常见的是矛形剑带绦虫，体长达6~16厘米。

1. 发病原因

矛形剑带绦虫的中间宿主为水中的剑水蚤，鸭因吃进剑水蚤而受感染。

2. 临床症状

轻度感染的鸭临床症状不明显，感染严重的食欲减少，消化不良，粪便稀薄为淡灰色，消瘦，眼结膜苍白，羽毛松乱，脚软无力，行走时摇摇晃晃。虫体塞满小肠时，可导致鸭死亡。

3. 剖检病变

病情严重的病鸭形体消瘦，可见肠黏膜发炎，有点状出血，肠腔内可见大量虫体，肠道阻塞。

4. 预防与治疗

预防绦虫病的主要措施是保证饮用水卫生，减少鸭群与绦虫的中间宿主的接触机会，但这对放牧鸭群和在水场圈养的鸭群较难做到。除了注意场地的消毒和消灭中间宿主外，一般采用定期给鸭进行体内驱虫的方法预防此病。第一次驱虫可在1月龄进行，40日龄时可再驱虫一次。可选用下列药物驱虫。

槟榔：按每千克体重0.75克，煎水灌服或拌料投喂。

硫双二氯酚：每千克体重内服30~50毫克。

吡喹酮：每千克体重内服10~15毫克。

驱虫应注意的是不论选用哪种驱虫药物，在大群驱虫前，必须先做小群鸭（20只左右）的驱虫试验，证明安全后才能大群驱虫。同时必须备有解毒药，当鸭出现口吐白沫、全身发颤、站立不稳的中毒症状时，可及时注射硫酸阿托品（每千克体重0.2毫克），隔一段时间后如中毒症状重新出现可重复注射一次。也可用阿托品片口服解救。

四、中毒病

造成鸭群中毒的原因很多，常见的是霉变饲料中毒和化学药物中毒。治疗中毒病一般是采取破坏毒物的毒性、加速毒物排出体外和对症治疗3种方法。

（一）黄曲霉毒素中毒

黄曲霉毒素是一种强烈的肝损害性毒素，雏鸭对其敏感性很高，食入极少量就可引起中毒死亡，如连续饲喂含该毒素的饲料2周，发病率和死亡率可高达50%~90%。

1. 发病原因

黄曲霉毒素中毒病主要是由于鸭吃了含有黄曲霉毒素的饲料。玉米、稻谷、花生等发霉后都会产生黄曲霉毒素。

2. 临床症状

临床症状主要表现为病鸭食欲减退，排白色或绿色的稀粪，脱毛，步态不稳，跛行，运动失调，濒死时出现惊厥，死亡时头颈呈角弓反张。

3. 剖检病变

主要病变见于肝脏，颜色变淡、变黄，肿大，质地软脆，有出血点或白色的针尖大或结节状的病灶，以及慢性发病的肝硬化。胆囊扩张，心包和腹腔常有较多的积水，小腿和趾蹼的皮下有时可能出血。

4. 预防与治疗

预防的根本措施是不喂发霉的饲料。加热、煮熟都不能使毒素分解，当饲料被黄曲霉毒素污染后，不能用来喂鸭，以免中毒。

治疗本病尚未有特效的药物。发病后应立即停喂发霉饲料，可投服盐类泻剂，排除肠道中的毒素，采取对症疗法，供给充足的青绿饲料和维生素A。

（二）肉毒梭菌毒素中毒

1. 发病原因

本病多发生于夏秋季节，肉毒梭菌毒素中毒是由于鸭摄食了含有肉毒梭菌毒素的食物而引起了急性食物中毒病，如死鱼、死虾、死青蛙或腐败的蔬菜。

2. 临床症状

病鸭两腿软弱无力，行走困难，颈部、翅膀神经麻痹。头颈伸直平铺于地上，软弱无力，不能抬头，又称为“软颈病”。如在水面发病，鸭不能游动而随水漂流，多因头颈抬不起来而被淹死。病鸭的羽毛松乱且极易被拔落，常见下痢，泄殖腔黏膜经常外翻，轻症者能耐过，严重者几小时内死亡。

3. 剖检病变

一般仅见轻度卡他性或出血性肠炎，心肌及脑组织有针尖大的出血点。

4. 预防与治疗

预防本病发生的主要措施是做好环境卫生，清除鸭场周围腐败动物的尸体或蝇蛆。切勿用腐败的蔬菜、肉类、鱼粉等作饲料。

因肉毒梭菌毒素中毒死亡的鸭只体内含有强烈毒素，可致人畜死亡，应一律烧毁或深埋。

本病尚无特效的解毒药，有条件时，每只鸭腹腔注射2~4毫升抗肉毒梭菌抗毒素。也可投服泻剂，每1000只大鸭用2~3千克硫酸镁溶于水中后再混于饲料中喂服，以排除肠道毒素，后用甘草、糖水饮服2~3天，有助于鸭群的康复。

五、营养缺乏或不平衡引起的疾病

日粮中缺乏某些营养物质会使鸭生长发育受阻，严重缺乏还会导致生病，甚至死亡。当补充缺乏的营养物质后，鸭就能恢复健康。当日粮中使用较为单一的饲料时，易出现此类疾病。

（一）雏鸭维生素B_1缺乏症

维生素B_1是机体新陈代谢过程中不可缺少的物质。当机体缺乏维生素B_1时，常出现多发性神经炎等。

1. 发病原因

雏鸭出现维生素B_1缺乏症一部分原因是母鸭缺乏维生素B_1。母鸭日粮缺乏维生素B_1时会导致所产雏鸭发生维生素B_1缺乏症，多见于胚胎发育的后期及出壳后2~3天内的雏鸭。

雏鸭日粮中缺乏维生素B_1，也是本病发生的主要原因之一。如果雏鸭日粮缺乏维生素B_1，则鸭群常在3周龄前后出现症状，如不及时采取措施，就会造成大批死亡。由于缺乏科学的饲养知识，某些养殖户习惯采用单一的白米饭饲喂雏鸭。喂前又将白米饭用水洗过以利雏鸭吞食，从而导致米饭中的维生素B_1随水洗而严重流失，造成雏鸭维生素B_1缺乏，使大批雏鸭发病死亡。

2. 临床症状

病雏精神沉郁，食欲不振，羽毛松乱，下痢，脚软无力，行走时身体失去平衡，常跌撞几步后蹲下或反倒地下，两脚朝天如游泳状摆动。头常偏向一侧，打转，或突然跳跃，这些神经症状常为阵发性发作，最后抽搐死亡。若病雏在水中发病，头颈向后扭转，不断在水中打转，或突然翻转而死亡。

3. 剖检病变

剖检病鸭可见皮下呈胶样水肿，肾上腺肥大。

4. 预防与治疗

①注意在产蛋种鸭的日粮中搭配维生素B_1丰富的饲料，如新鲜的青绿饲料、酵母粉、糠麸等，不喂或少喂生的白蚬。

②雏鸭出壳干身后，每1000只用250毫升复合维生素B溶液混水饮服，连饮2天。

③雏鸭的日粮最好用科学配制的全价营养的小鸭料，如果用白米饭饲喂，不能用清水洗饭，可用复合维生素B溶液稀释后拌饭投喂。

④对发病雏鸭，可用复合维生素B溶液，每天灌服0.5~1毫升，连用3天。也可用维生素B_1片，每只雏鸭每天1片，连用3天。

⑤严重病例可每只肌内注射维生素B_1注射液0.2~0.4毫升，约半小时就能康复。

（二）啄癖

啄癖是鸭的一种反常的、有害的嗜好。鸭的生长期不同，其啄癖嗜好也有所不同。生长发育旺盛的中鸭，多发生啄羽癖、啄趾癖、啄肉癖、啄肛癖和异食癖。产蛋鸭则多发生啄羽癖和啄蛋癖。若鸭互啄，会造成羽毛、皮肤受损，影响生长发育和肉鸭的品质；重者鲜血淋漓，甚至死亡。

1. 发病原因

发生啄癖的原因很复杂，但生产实践中，饲料营养不全面是主要的因素。如日粮中缺乏蛋白质，或缺乏蛋氨酸、色氨酸、赖氨酸等，以及缺乏锌、钙、磷、食盐、维生素 B_{12} 和维生素D等，都会诱发啄癖。此外，饲养管理不良，如舍内饲养密度太大、鸭群拥挤、活动面积太小、饮水不足、饲料槽少等也是啄癖的较常见原因。

2. 预防与治疗

鸭群发生啄癖后，应及时找出和消除啄癖的诱因，并立即将被啄的鸭隔开。可结合实际情况选用下列方法。

①饲料要配合适当，不能喂单一的饲料，最好能喂饲科学配制的全价混合料。

②饲料中添加1%~2%硫酸钙粉，连续用3~4天。

③饲料中添加1%硫酸钠，连用5天。

④饲料中添加0.4%食盐，连用5天。但应防止食盐中毒，如用咸鱼粉就不能再添加食盐。

⑤饲料中添加2%~3%羽毛粉，连喂5天。

⑥饲料中添加1%~2%生长素（微量元素添加剂）。

⑦改善饲料管理条件，鸭群不能过分拥挤，要按大小分群饲养，做好环境清洁卫生，舍内要空气流通，温度、湿度要适当。

每日喂饲时间要固定，两餐的间隔时间不能太长，有条件的最好采用自动供料，任其自由采食。

思考题

1. 鸭病的日常预防措施有哪些？
2. 发生传染病时的解决措施有哪些？
3. 鸭瘟主要发生于多少月龄以上的鸭？怎样预防？
4. 雏鸭病毒性肝炎主要发生于多少周龄的雏鸭？怎样预防？

附录一　商品代北京鸭营养需要量

［数据来源《肉鸭饲养标准》（NY/T 2122—2012）］

营养指标	育雏期 1周~2周	生长期 3周~5周	肥育期 6周~7周	
			自由采食	填饲
鸭表观代谢能，MJ/kg	12.14	12.14	12.35	12.56
粗蛋白质，%	20.0	17.5	16.0	14.5
钙，%	0.90	0.85	0.80	0.80
总磷，%	0.65	0.60	0.55	0.55
非植酸磷，%	0.42	0.40	0.35	0.35
钠，%	0.15	0.15	0.15	0.15
氯，%	0.12	0.12	0.12	0.12
赖氨酸，%	1.10	0.85	0.65	0.60
蛋氨酸，%	0.45	0.40	0.35	0.30
蛋氨酸+胱氨酸，%	0.80	0.70	0.60	0.55
苏氨酸，%	0.75	0.60	0.55	0.50
色氨酸，%	0.22	0.19	0.16	0.15
精氨酸，%	0.95	0.85	0.70	0.70
异亮氨酸，%	0.72	0.57	0.45	0.42
注：营养需要量数据以饲料干物质含量87%计。				

附录二　商品代北京鸭体重与耗料量

［数据来源《肉鸭饲养标准》（NY/T 2122—2012）］

周龄	体重g	每周耗料量g/只	累计耗料量g/只
0	60	0	0
1	250	220	220
2	730	700	920
3	1400	1300	2220
4	2200	1530	3750
5	2800	1800	5550
6	3250	1800	7350
7	3700	1800	9150
注：体重与耗料量数据均为自由采食条件下获得，耗料量数据由公母鸭按相同比例混合饲养获得。			

附录三　北京鸭种鸭营养需要量

［数据来源《肉鸭饲养标准》（NY/T 2122—2012）］

营养指标	育雏期 1周~3周	育成前期 4周~8周	育成后期 9周~22周	产蛋前期 23周~26周	产蛋中期 27周~45周	产蛋后期 46周~70周
鸭表观代谢能，MJ/kg	11.93	11.93	11.30	11.72	11.51	11.30
粗蛋白质，%	20.0	17.5	15.0	18.0	19.0	20.0
钙，%	0.90	0.85	0.80	2.00	3.10	3.10
总磷，%	0.65	0.60	0.55	0.60	0.60	0.60
非植酸磷，%	0.40	0.38	0.35	0.38	0.38	0.38
钠，%	0.15	0.15	0.15	0.15	0.15	0.15
氯，%	0.12	0.12	0.12	0.12	0.12	0.12
赖氨酸，%	1.05	0.85	0.65	0.80	0.95	1.00
蛋氨酸，%	0.45	0.40	0.35	0.40	0.45	0.45
蛋氨酸+胱氨酸，%	0.80	0.70	0.60	0.70	0.75	0.75
苏氨酸，%	0.75	0.60	0.50	0.60	0.65	0.70
色氨酸，%	0.22	0.18	0.16	0.20	0.20	0.22
精氨酸，%	0.95	0.80	0.70	0.90	0.90	0.95
异亮氨酸，%	0.72	0.55	0.45	0.57	0.68	0.72
注：营养需要量数据以饲料干物质含量87%计。						

附录四　北京鸭种鸭体重与耗料量

［数据来源《肉鸭饲养标准》（NY/T 2122—2012）］

周龄	体重 g		母鸭		公鸭	
	母鸭	公鸭	每周耗料量 g/只	累计耗料量 g/只	每周耗料量 g/只	累计耗料量 g/只
0	60	60	0	0	0	0
1	245	260	175	175	184	184
2	610	640	420	595	441	625
3	1060	1150	630	1225	662	1287
4	1345	1470	840	2065	882	2169
5	1560	1740	875	2940	919	3088
6	1720	2060	896	3836	941	4029
7	1870	2245	910	4746	956	4985
8	2015	2450	924	5670	970	5955
9	2160	2580	945	6615	992	6947
10	2290	2695	945	7560	992	7939
11	2365	2780	945	8505	992	8931
12	2400	2845	959	9464	1007	9938
13	2450	2905	959	10423	1007	10945
14	2535	2970	980	11403	1029	11974
15	2580	3020	980	12383	1029	13003

续表

周龄	体重g		母鸭		公鸭	
	母鸭	公鸭	每周耗料量g/只	累计耗料量g/只	每周耗料量g/只	累计耗料量g/只
16	2645	3070	980	13363	1029	14032
17	2680	3110	1015	14378	1066	15098
18	2725	3150	1015	15393	1066	16164
19	2805	3190	1015	16408	1066	17230
20	2870	3230	1015	17423	1066	18296
21	2935	3270	1085	18508	1139	19435
22	3000	3310	1155	19663	1213	20648
23	3055	3340	1225	20888	1286	21934
24	3090	3370	1295	22183	1360	23294
25	3125	3400	1365	23548	1433	24727
26	3150	3420	1470	25018	1544	26271
27	3170	3450	1505	26523	1580	27851
注：0周龄~3周龄体重与耗料量数据为自由采食条件下获得，3周龄以后体重与耗料量数据为限饲条件下获得。耗料量数据由公母鸭单独饲养获得。						

附录五　番鸭部分营养需要量

［数据来源《肉鸭饲养标准》（NY/T 2122—2012）］

营养指标	育雛期 0周~3周	生长期 4周~8周	肥育期 9周至上市	种鸭育成期 9周~26周	种鸭产蛋期 27周~65周
鸭表观代谢能，MJ/kg	12.14	11.93	11.93	11.30	11.30
粗蛋白质，%	20.0	17.5	15.0	14.5	18.0
钙，%	0.90	0.85	0.80	0.80	3.30
总磷，%	0.65	0.60	0.55	0.55	0.60
非植酸磷，%	0.42	0.38	0.35	0.35	0.38
钠，%	0.15	0.15	0.15	0.15	0.15
氯，%	0.12	0.12	0.12	0.12	0.12
赖氨酸，%	1.05	0.80	0.65	0.60	0.80
蛋氨酸，%	0.45	0.40	0.35	0.30	0.40
蛋氨酸+胱氨酸，%	0.80	0.75	0.60	0.55	0.72
苏氨酸，%	0.75	0.60	0.45	0.45	0.60
色氨酸，%	0.20	0.18	0.16	0.16	0.18
精氨酸，%	0.90	0.80	0.65	0.65	0.80
异亮氨酸，%	0.70	0.55	0.50	0.42	0.68
注：营养需要量数据以饲料干物质含量87%计。					

附录六　番鸭种鸭育成期、产蛋期饲料矿物质、维生素及相关物质需要量一览表

（营养需要量数据以饲料干物质含量87%计）

营养指标	周龄	
	8~26周龄	27~65周龄
矿物质元素[a]		
钙（%）	0.80	3.30
总磷（%）	0.55	0.60
非植酸磷[b]（%）	0.30	0.38
钠（%）	0.15	0.15
氯（%）	0.12	0.12
铁（mg/kg）	60.0	60.0
铜（mg/kg）	8.0	8.0
锰（mg/kg）	80.0	100
锌（mg/kg）	40.0	60.0
碘（mg/kg）	0.30	0.40
硒（mg/kg）	0.20	0.30

附录六　番鸭种鸭育成期、产蛋期饲料矿物质、维生素及相关物质需要量一览表

续表

营养指标	周龄	
	8~26周龄	27~65周龄
维生素[c]		
维生素A（IU/kg）	3000	8000
维生素D_3（IU/kg）	1000	3000
维生素E（IU/kg）	10.0	30.0
维生素K_3（mg/kg）	2.0	2.5
维生素B_1（mg/kg）	1.5	2.0
维生素B_2（mg/kg）	8.0	15.0
烟酸（mg/kg）	30.0	50.0
泛酸（mg/kg）	11.0	20.0
维生素B_6（mg/kg）	3.0	4.0
生物素（mg/kg）	0.10	0.20
叶酸（mg/kg）	1.0	1.0
维生素B_{12}（mg/kg）	0.02	0.02
胆碱（g/kg）	1000	1500

[a]矿物质需要量包括饲料原料中提供的矿物质量。

[b]非植酸磷需要量为未添加植酸酶时的需要量。

[c]维生素需要量不包括饲料原料中提供的维生素量。

后 记

近几年来，海南省养鸭业发展迅速，已成为海南省农业的重要支柱产业。然而，一些地区科学养鸭技术得不到较好的推广和应用，养鸭技术落后，造成养殖效果差和养殖效益低，影响了养鸭业的健康发展。为进一步适应海南省热带特色高效农业发展的要求和广大农民群众的迫切需要，《养鸭实用技术》一书专门介绍了科学养鸭技术，期望能对促进热带养鸭业发展起到一定的作用。在编写过程中，作者结合自己的工作和海南省养鸭业的实际情况，总结和吸收了养鸭的先进经验、方法、技术和成果，参考了许多资料，如《立体智能笼养鸭场设计与建设》、《蛋禽笼养技术规程 第2部分：蛋鸭规模化笼养》（DB42/T 1998.2—2023）、《蛋鸭营养需要量》（GB/T 41189—2021）、《肉鸭饲养标准》（NY/T 2122—2012）、《琼海嘉积鸭种鸭饲养管理技术规程》（T/HNBX 166—2023）等，并征求了养殖专家和基层技术人员的意见，力求该书有较强的科普性、实用性、针对性和先进性。在此对同行、朋友、对本书编写提供帮助的各位表达感谢。本书可作为广大农村群众和农村基层干部学习养鸭技术的科普读物，也可作为农村致富技术函授大学、农业职业中学及各类实用技术培训机构的基本教材，还可供养鸭场技术人员、饲养管理人员和养鸭专业户参考阅读。

特别感谢海南惠农慈善基金会资助出版本丛书。

由于作者水平有限，时间仓促，书中可能存在一些错漏和不妥之处，恳请广大读者批评指正。

养鸭实用技术课程实施计划表

总学时：79

目的要求	学习鸭的生物学特性、种鸭选择方法、饲料合理配制和杂交繁育体系构成，重点掌握不同时期鸭的饲养管理技术					
题目名称	教学内容	学时分配			目的要求	实施方法、器材保障
		面授	实习	自学		
养鸭实用技术	养鸭概况、鸭的生物学特性	1	0	1	了解鸭的生物学特性	授课与自学相结合
	鸭的优良品种	2	2	1	了解鸭品种分类方法和主要优良品种的特性	授课、自学与参观相结合
	鸭场设施设备	2	2	1	了解鸭场规划设计、鸭舍建筑设计、鸭场设备	授课、自学与参观相结合
	鸭的营养需要和饲料	2	2	2	掌握各时期鸭营养需要和饲养标准、鸭日粮配制	授课、自学与参观相结合
	鸭的养殖模式	2	2	1	了解鸭的地面平养、网床平养、笼养和混养模式	授课、自学与参观相结合
	鸭的繁殖技术	4	1	3	了解种鸭选择方法和杂交繁育体系构成	授课、自学与实习相结合
	鸭蛋孵化技术	4	4	2	掌握种蛋人工孵化技术	授课、自学与实习相结合
	肉鸭的饲养管理	6	2	4	掌握各时期肉鸭和种鸭的饲养管理技术	授课、自学与实习相结合
	蛋鸭的饲养管理	5	2	3	掌握各时期蛋鸭的饲养管理技术	授课、自学与实习相结合
	番鸭的饲养管理	2	2	2	掌握填鸭饲料配制和填饲技术	授课、自学与实习相结合
	鸭的疾病防治	4	3	3	掌握鸭病综合防治措施，主要疾病防治方法	授课、自学与实习相结合